"十三五"国家重点图书出版规划项目

排序与调度丛书（二期）

排序博弈

樊保强 万 龙 编著

清华大学出版社
北 京

内容简介

本书全面系统地介绍了排序博弈的理论、模型和算法。全书共分为7章，第1章简要介绍排序问题的描述和表示，以及算法和计算复杂性；第2章简要介绍本书涉及的合作博弈理论；第3～7章介绍联盟排序博弈、两台机器的讨价还价问题、两代理排序的公平定价问题、时间表长和平行加工机制下的均衡分析。

本书可以作为运筹学、管理科学、应用数学和金融数学等专业的研究生教材，也可供相关领域的科研工作者参考。

图书在版编目(CIP)数据

排序博弈/樊保强，万龙编著. —北京：清华大学出版社，2024.7
(排序与调度丛书. 二期)
ISBN 978-7-302-65193-2

Ⅰ. ①排… Ⅱ. ①樊… ②万… Ⅲ. ①排序—研究 Ⅳ. ①O223

中国国家版本馆CIP数据核字(2024)第034017号

责任编辑：佟丽霞　赵从棉
封面设计：常雪影
责任校对：王淑云
责任印制：宋　林

出版发行：清华大学出版社
网　　址：https://www.tup.com.cn，https://www.wqxuetang.com
地　　址：北京清华大学学研大厦A座　**邮　　编**：100084
社 总 机：010-83470000　**邮　　购**：010-62786544
投稿与读者服务：010-62776969，c-service@tup.tsinghua.edu.cn
质量反馈：010-62772015，zhiliang@tup.tsinghua.edu.cn
印 装 者：三河市龙大印装有限公司
经　　销：全国新华书店
开　　本：170mm×240mm　**印张**：9.25　**字　　数**：165千字
版　　次：2024年7月第1版　**印　　次**：2024年7月第1次印刷
定　　价：79.00元

产品编号：098292-01

《排序与调度丛书》编辑委员会

丛书序言

我知道排序问题是从20世纪50年代出版的一本名为*Operations Research*(《运筹学》,可能是1957年出版)的书开始的。书中讲到了S. M. 约翰逊(S. M. Johnson)的同顺序两台机器的排序问题并给出了解法。约翰逊的这一结果给我留下了深刻的印象。第一,这个问题是从实际生活中来的。第二,这个问题有一定的难度,约翰逊给出了完整的解答。第三,这个问题显然包含着许多可能的推广,因此蕴含了广阔的前景。在1960年前后,我在《英国运筹学》(*Operational Research*,季刊,从1978年(第29卷)起改称*Journal of the Operational Research Society*,并改为月刊)(当时这是一份带有科普性质的刊物)上看到一篇文章,内容谈到三台机器的排序问题,但只涉及四个工件如何排序。这篇文章虽然很简单,但我也从中受到一些启发。我写了一篇讲稿,在中国科学院数学研究所里做了一次通俗报告。之后我就到安徽参加"四清"工作,不意所里将这份报告打印出来并寄了几份给我,我寄了一份给华罗庚教授,他对这方面的研究给予很大的支持。这是20世纪60年代前期的事,接下来便开始了"文化大革命",倏忽十年。20世纪70年代初我从"五七"干校回京,发现国外学者在排序问题方面已做了不少工作,并曾在1966年开了一次国际排序问题会议,出版了一本论文集*Theory of Scheduling*(《排序理论》)。我与韩继业教授做了一些工作,也算得上是排序问题在我国的一个开始。想不到在秦裕瑗、林诒勋、唐国春以及许多教授的努力下,跟随着国际的潮流,排序问题的理论和应用在我国得到了如此蓬勃的发展,真是可喜可贺!

众所周知,在计算机如此普及的今天,一门数学分支的发展必须与生产实际相结合,才称得上走上了健康的道路。一种复杂的工具从设计到生产,一项巨大复杂的工程从开始施工到完工后的处理,无不牵涉排序问题。因此,我认为排序理论的发展是没有止境的。我很少看小说,但近来我对一本名叫《约翰·克里斯托夫》的作品很感兴趣。这是罗曼·罗兰写的一本名著,实际上它是以贝多芬为背景的一本传记体小说。这里面提到贝多芬的祖父和父亲都是宫廷乐队指挥,当贝多芬的父亲发现他在音乐方面是个天才的时候,便想将他培养成一名优秀的钢琴师,让他到各地去表演,可以名利双收,所以强迫他勤学苦练。但贝多芬非常反感，他认为这样的作品显示不出人的气质。由于贝多芬有如此的感受，他才能谱出如《英雄交响曲》《第九交响曲》等深具人性的伟大乐章。我想数学也是一样，只有在人类生产中体现它的威力的时候，才能显示出数学这门学科的光辉，也才能显示出作为一名数学家的骄傲。

任何一门学科，尤其是一门与生产实际有密切联系的学科，在其发展初期那些引发它成长的问题必然是相互分离的，甚至是互不相干的。但只要研究继续向前发展，一些问题便会综合趋于统一，处理问题的方法也会与日俱增、深入细致，可谓根深叶茂，蔚然成林。我们这套丛书已有数册正在撰写之中，主题纷呈，蔚为壮观。相信在不久以后会有不少新的著作出现，使我们的学科呈现一片欣欣向荣、繁花似锦的局面，则是鄙人所厚望于诸君者矣。

越民义

中国科学院数学与系统科学研究院

2019 年 4 月

前　言

排序博弈是从优化的角度分析研究排序问题中存在的博弈现象，也是从博弈的观点研究排序问题。不同于经典排序所考虑的单决策者问题，排序博弈研究的是排序问题中工件或者机器属于不同决策者的博弈问题，从而所研究的内容更加贴合实际生产活动所出现的多决策者问题。例如，在某银行服务大厅内，多个客户在柜台前站成一排等待服务，每个客户有一个任务，已知每个客户的任务的服务时间，并且每个客户的费用函数是客户服务完毕时间的不减函数。多个决策者通过合作，即联合行动共同决定工件的加工顺序，能够产生节省费用。如何产生最大的节省费用，以及如何在参与合作的人中分配这些节省的费用，是这个多决策者问题需要解决的。这样的多决策者问题可以建模为一个可转移效用的排序博弈问题。

本书主要介绍各种典型的排序博弈问题模型及其理论方法。全书共分为 7 章：第 1 章简要介绍排序问题的描述和表示，以及算法和计算复杂性，包括对工件加工数据和特征、机器加工环境、加工性能指标函数的描述。第 2 章简要介绍了本书涉及的博弈理论中的成熟模型及其基本概念和基本理论，包括具有转移效用的联盟博弈、纳什讨价还价问题、公平定价问题和算法博弈论中的若干概念。第 3 章介绍联盟排序博弈，在该模型中工件属于不同的参与人，并且工件已经有一个初始的排序。参与人可以通过合作重新安排工件的加工顺序，从而产生节省费用，该模型中要解决的问题是如何在参与合作的人中分配这些节省的费用。第 4 章介绍两台机器的讨价还价问题，在该模型中机器属于不同的参与人。参与人通过协商确定工件的一个划分，使得相应的合作收益分配方案能够使所有参与人认可和接受。该章主要介绍两台机器的讨价还价问题的纳什讨价还价解。第 5 章介绍两代理排序的公平定价问题，在该模型中工件属于两个不同的参与人。基于不同的公平解概念，研究公平解存在的条件，并分析其结构性质和性能。第 6 章和第 7 章分别介绍时间表长（Makespan）和并行加工（Parallel Processing）机制下的均衡分析，此类模型研究的主要问题是纳什均衡和强均衡的存在性，并对其进行性能分析。在此类模型中工件属于不同的参与人（局中人），参与人的策略空间就是机器集，当确定了机器加工机制和费用准则后，每个参与人在任意局势下的费用就能够被计算出来。每个参与人只是希望能减少自己的工件加工费用而不会去顾及总体目标。

本书的写作得到了唐国春先生的大力帮助和鼓励，并得到了“排序与调度丛书”编辑委员会各位老师的鼎力支持；同时也收到了排序与调度同仁和各位审稿专家的宝贵建议；清华大学出版社的编辑在本书的成稿过程中多次给予指导和建议；在本书撰写期间，作者的研究生在资料和文献整理方面给予了大力协助。在此，作者一并对上述各位表示衷心的感谢！

本书的出版得到了国家出版基金的资助。本书所涉及的部分研究成果也得到了作者主持的国家自然科学基金项目(项目号:12261039)的支持。

由于作者水平有限，本书难免存在疏漏甚至不妥之处，许多内容也有待深入研究和完善，敬请读者批评指正。

作　者

2024 年 1 月

目　录

第1章　排序论简介

排序(scheduling)论又名时间表理论，是一门源于制造和服务业，后又被广泛应用于管理科学、计算机科学和工程技术等众多领域的应用科学。排序论的研究既不同于传统的数学研究，即证明某一命题的是或非，也不同于解决某一实际问题的工作，而是从众多实际问题中提炼出某些带有普遍性的问题，然后对问题进行分析，研究它的可解性以及提出相关的算法。自创立以来，其丰硕的研究成果推动了排序论向更广阔的学科领域交叉融合，使排序论成为国内外发展迅速、研究活跃、前景诱人的学科领域之一。本章主要介绍排序问题的描述、排序问题的表示以及算法和计算复杂性的基本概念。

1.1　排序问题

排序问题是指在一定的约束条件下对工件和机器按时间进行分配和安排加工次序，使某一个或一些目标达到最优。这里将需要完成的工作、任务、被服务的对象等称为"工件"，将完成工作、任务、服务所需要的资源称为"机器"。

排序在自动化学科中又称为"调度"。然而，用"排序"或"调度"来作为scheduling 的中文译名都只是描述 scheduling 的一个侧面。scheduling 既有"分配"(allocation)的作用，即把工件分配给机器以便进行加工；又有"排序"(sequencing)的功能，包括工件的次序和机器的次序这两类次序的安排；还有"调度"的效果，指把机器和工件按时间进行调度(唐国春 等，2003)。

1.1.1　排序问题的描述

用 $J=\{J_1,J_2,\cdots,J_n\}$ 表示 n 个工件的集合，$M=\{M_1,M_2,\cdots,M_m\}$ 表示 m 台机器的集合，其中 J_j 表示第 j 个工件，M_i 表示第 i 台机器，并且记 p_{ij} 为工件 J_j 在机器 M_i 上加工所需的时间。排序问题通常可以描述为 n 个工件在 m 台机器上进行加工，即分配工件给机器，同时安排其加工顺序。在任意时刻，每台机器只能加工一个工件，且每个工件只能在一台机器上加工。

令 σ 表示 n 个工件在 m 台机器上的一个排序。若同一机器在任意时刻最多只能加工一个工件，同一工件在任意时刻只能被一台机器加工，则称 σ 为一个可行排序。在可行排序 σ 中,对于每一个工件 J_j,记 t 时刻完工的 J_j 的加工费用函数为 $f_j(t)$。排序的目标是使某个 $f_j(t)$ 的指标函数达到最优。

1.1.2 排序问题的表示

排序问题种类繁多,用简单明了的记号将一个排序问题表示出来,有利于在排序理论研究过程中规范表达这个排序问题以及理解该问题,有利于从事排序理论研究的专家学者之间的交流,有利于排序理论的推广、传播与应用。一般地,一个排序问题涉及工件、机器与排序指标,因此,目前国际上通用 Graham 等(1979)提出的三参数 $\alpha \mid \beta \mid \gamma$ 表示法,其中参数 α 表示"机器环境",参数 β 表示"工件特征",参数 γ 表示"优化目标"。

1. 机器环境的描述

关于机器环境,首先有单台机器排序问题与多台机器排序问题的区分。用 1 表示单台机器排序问题。对于多台机器排序问题,机器可分为通用平行机与专用串联机两大类。对于平行机问题,P 表示同型机问题,Q 表示同类机问题,R 表示非同类机问题;对于串联机问题,O 表示自由作业问题,F 表示流水作业问题,J 表示异序作业问题。对于多台机器排序问题,用 m 表示机器的台数。例如,$F2$ 表示 2 台机器的流水作业问题,$P2$ 与 Pm 分别表示 2 台机器的同型机问题与 m 台机器的同型机问题。如果不出现机器台数 m,则表示该多台机器排序问题所得到的研究成果或算法对任意台数机器都适用。例如,Q 就表示任意台数机器的同类机问题。

在通用平行机环境下,工件只需在其中一台机器上就可完成加工。其中:同型机是指所有机器都具有相同的加工速度;同类机具有不同的加工速度但此速度不依赖于工件;非同类机则对不同的工件具有不同的加工速度。而在专用串联机环境下,工件需要在每台机器上都进行加工。其中:在流水作业环境下,每一个工件以相同的机器次序在这些机器上进行加工;在自由作业环境下,工件依次在机器上加工的次序并不指定,可以任意;而在异序作业环境下,每一个工件以各自特定的机器次序进行加工。

2. 工件特征的描述

工件的基本特征有加工时间 p_{ij}、就绪时间 r_j、交货期 d_j、权重 w_j。由于排序论的应用领域越来越广泛,所以工件特征的描述也日益丰富。因此,工件特征还包括工件加工是否允许中断(pmtn)、工件是否具有先后约束关系(prec,tree,intree,outtree,chain)、工件加工时间可控排序(cpt)、工件可拒绝排序(rej)、成组分批排序(GT)、同时加工排序(s-batch,p-batch)、准时排序和窗时排序(jit)、资源受限排序(res)等。

p_{ij} 是指工件 J_j 在机器 M_i 上加工所需的时间，如对同型机有 $p_{ij}=p_j$。就绪时间 r_j 是指工件 J_j 可以开始加工的时间，工件就绪时间"缺省状态"是指所有的工件都同时就绪，或者认为 $r_j=0$。先后约束 $J_j \rightarrow J_k$ 表示工件 J_j 加工完后才能开始加工工件 J_k。交货期 d_j 是指工件 J_j 的按时交货时间，工件交货期"缺省状态"是指所有的工件都具有无穷大的交货期，即 $d_j=\infty$。中断是指一个工件在加工过程中，允许被别的工件抢先而中断加工，并稍后在原来的机器或在其他机器上继续加工。

3. 排序指标的描述

给定一个可行的排序 σ，令 $C_j(\sigma)$ 表示工件 J_j 的完工时间，$j=1,2,\cdots,n$，在不引起歧义的情况下，可以用 C_j 表示 $C_j(\sigma)$。排序指标一般分为两大类，一类为极小化最大费用问题；另一类为极小化总费用问题。最大费用问题包括：

(1) $C_{\max}=\max\{C_j \mid j=1,2,\cdots,n\}$——最大完工时间问题；

(2) $L_{\max}=\max\{L_j=C_j-d_j \mid j=1,2,\cdots,n\}$——最大延迟问题；

(3) $T_{\max}=\max\{T_j=\max\{0,L_j\} \mid j=1,2,\cdots,n\}$——最大延误问题。

总费用问题包括：

(1) $\sum w_jC_j$——工件总完工时间问题；

(2) $\sum w_jT_j$——工件总延误时间问题；

(3) $\sum w_jU_j$——误工工件数问题。

除上述问题之外，还存在少数考虑极大化指标的排序问题，例如第7章的极大化最小完工时间 $C_{\min}$。

在现代排序模型中，排序指标会增加一些其他费用。例如：工件加工时间可控问题，当工件加工时间压缩，则产生工件加工时间的压缩费用；工件可拒绝排序问题，当一个工件被拒绝加工，则产生一个惩罚费用；工件可外包排序问题，当一个工件外包，则产生一个外包费用等。

定义 1.1　对于一个排序问题，若对于任意两个可行排序 σ 和 σ'，其工件在对应可行排序中的完工时间满足 $C_j \leqslant C'_j$，$j=1,2,\cdots,n$，都有 $f(C_1,C_2,\cdots,C_n) \leqslant f(C'_1,C'_2,\cdots,C'_n)$，称排序指标 f 是正则的。

排序作为一个最优化问题，其目标通常是极小化排序指标函数。正则函数就是关于各个工件的完工时间的非降函数。容易验证上面给出的排序指标函数都属于正则函数。

三参数表示法一般情况下可以比较清晰地将一个排序问题表达清楚，但并不能将我们所讨论的问题都表示出来，有时需要给出一个必要的阐述与解释，同时新的排序问题会不断被提出来，参数会更加多种多样。

例 1.1 $1 \mid r_j \mid \sum w_j C_j$，表示单机排序问题，工件具有不同的就绪时间，排序指标为最小化加权总完工时间和。

例 1.2 $F2 \mid \text{chains} \mid C_{\max}$，表示两台机器的流水作业排序问题，工件之间具有平行链约束，排序指标为最小化工件最大完工时间。

1.2 算法和计算复杂性

优化算法是一种搜索过程或规则，通过一定的过程或规则得到问题的满意解。评价一个优化算法的优劣一方面看该算法得到的解是最优解还是近似解；另一方面看算法的时间和空间复杂性，因为算法的时间和空间复杂性对计算机的求解能力有很大影响。排序问题的时间复杂性是指求解该问题的所有算法中时间复杂性最小的算法的时间复杂性，问题的空间复杂性也可类似地定义。

1.2.1 算法及其复杂性

算法就是计算的方法之简称，它要求使用一组定义明确的规则在有限的步骤内求解某一问题。在计算机上，就是运用计算机解题的步骤或过程。在这个过程中，无论是形成解题思路还是编写程序，都是在实施某种算法。前者是推理实现的算法，后者是操作实现的算法。

对算法的分析，最基本的是对算法的复杂性进行分析，包括时间上的复杂性和空间上的复杂性。时间复杂性是指计算所需的步骤数或指令条数，空间复杂性是指计算所需的存储单元数量。在实际应用中，我们更多的是关注算法的时间复杂性。

算法的时间复杂性可以用一个变量 n 来表示，n 表示问题实例的规模，也就是该实例所需要输入数据的总量。一般在排序问题中，n 表示所要加工的总工件数。算法的时间量度记为 $T(n)=O(f(n))$，表示随问题规模 n 的增大，算法执行时间的增长率和 $f(n)$ 的增长率相同，称为算法的渐进时间复杂性，简称时间复杂性。同一算法求解同一问题的不同实例所需要的时间一般不相同，一个问题各种可能的实例中运算最慢的一种情况称为最“坏”情况或最“差”情况。一个算法在最“坏”情况下的时间复杂性称为该算法的最“坏”时间复杂性。一般情况下，时间复杂性都是指最“坏”情况下的时间复杂性。

由于算法的时间复杂性考虑的只是对于问题规模 n 的增长率，所以在难以精确计算基本操作次数的情况下，只需求出它关于 n 的增长率或阶即可。随问题规模的增大，不同的 $f(n)$ 会对 $T(n)$ 产生截然不同的效果。表 1-1 给出了不同时间复杂性算法在速度为 10^6 次/s 的计算机上求解不同规模问题所需时间的对比（马良 等，2008）。

表 1-1　不同时间复杂性算法求解不同规模问题所需时间的对比

$n/\mu s$	$\log_2 n/\mu s$	$n\log_2 n/\mu s$	$n^2/\mu s$	n^3	n^5	2^n	3^n
10	3.3	33	100	1ms	0.1s	1ms	59ms
40	5.3	213	1600	64ms	1.7min	12.7d	3855 世纪
60	5.9	354	3600	216ms	13min	366 世纪	1.3×10^{13} 世纪

一般情况下，当算法的时间复杂性 $T(n)$ 被输入规模 n 的多项式界定时，该算法为多项式时间算法，如 $T(n)$ 为 n 的对数函数或线性函数的算法，这样的算法是可接受的，也是实际有效的，因此又称为“有效算法”或“好”的算法；反之，称非多项式时间算法为指数算法，如 $T(n)$ 为 n 的指数函数或阶乘函数的算法，这样的算法大部分无法应用，没有实用价值，因此又称为“坏”的算法。

1.2.2　计算复杂性

一个最优化问题有三种提法：最优化形式、计值形式和判定形式。当讨论最优化问题的难易程度时，一般按其判定形式的复杂性对问题进行分类。一个最优化问题的判定形式可以描述为：给定任意一个最优化问题

$$\min_{x\in X} f(x),$$

问是否存在可行解 x_0，使得 $f(x_0)\leqslant L$。其中 X 为可行解集，L 为阈值。

我们把所有可用多项式时间算法解决的判定问题类称为 P 类，P 类是相对容易的判定问题类，它们有有效算法。如最大匹配问题和最小支撑树问题都是 P 类问题。还有一个重要的判定问题类是 NP 类，这类问题比较丰富。对于一个 NP 类问题，我们不要求它的每个实例都能用某个算法在多项式时间内得到解答，我们只要求：如果 x 是问题的答案为是的实例，则存在对于 x 的一个简短(其长度以 x 的长度的多项式为界)证明使得能在多项式时间内检验这个证明的真实性(Papadimitriou et al.，1988)。简而言之，以上述的最优化问题为例，给定任何一个可行解 x_0，如果存在一个多项式时间算法，该算法可以判断 x_0 是否小于或等于 L，则该问题是 NP 问题。容易证明 $\mathrm{P}\subseteq\mathrm{NP}$。

给定 H_1、H_2 这两个判定问题，如果存在一个多项式时间算法 α_1，将问题 H_1 的每个答案为“是”的实例 X，都转换为 H_2 问题，则把 α_1 称为 H_1 到 H_2 的多项式时间归结(Papadimitriou et al.，1988)。

对于一个判定问题 H，如果能够证明 $H\in\mathrm{NP}$，并且所有其他的 NP 问题都能在多项式时间内归结到 H，则称判定问题 H 是 NP-完备(NP-complete)的。NP-完备问题是 NP 类中“最难的”问题，一般认为它不存在多项式时间算法。例如，整数线性规划问题、三维匹配、点覆盖和团等问题都是 NP-完备的。

给定两个优化问题 H_1 和 H_2，若存在一个解决问题 H_2 的算法多次调用解决问题 H_1 的算法（假定解决问题 H_1 的算法复杂度为 1），且解决问题 H_2 的算法复杂度不超过问题 H_2 某实例规模的多项式倍，则称问题 H_2 可以多项式时间图灵规约到问题 H_1。换言之，若问题 H_1 是多项式时间可解的，则问题 H_2 也是多项式时间可解的。

对于一个优化问题或判定问题 H，如果能够证明 NP 类中所有问题都可以在多项式时间内图灵规约到 H，则称 H 是 NP-难的。例如，Max-2Sat 问题和背包问题等是 NP-难的。在有的文献中，NP-完备和 NP-难的概念混用，不作严格区分。

1.2.3 排序问题的求解

对排序问题的求解主要有两个方向。一是对 H 问题，即可解问题，寻找多项式时间算法（又称有效算法）来得到问题的最优解，或者对 NP-难的在特殊情况下（如工件加工允许中断，工件的加工时间都是单位长度，工件之间有某种约束，等等）寻找有效算法，也就是研究 NP-难的可解情况；二是设计性能优良的近似算法和启发式算法。

对于使目标函数 f 为最小的优化问题，记 I 为这个优化问题的一个实例，H 为所有实例的全体；并记 $f(I)$ 为实例 I 的最优目标函数值（即最优值），$f_H(I)$ 为利用算法 H 得到的目标函数值。如果存在一个实数 $r(r \geqslant 1)$，使得对任意 $I \in H$ 有

$$f_H(I) \leqslant rf(I),$$

则称 r 为算法 H 的一个上界。当 r 是有限数时，称算法 H 为 r 近似算法；当不能确定 r 是否有限，或能确定 r 为无穷大时，则称算法 H 为启发式算法。用近似算法和启发式算法得到的解分别称为近似解和启发式解。使上式成立的最小正数 r 称为算法的最坏情况性能比或紧界。

对于使目标函数 f 为最大的优化问题，同样可以定义算法的下界 r 满足 $0 < r \leqslant 1$，对任意 $I \in H$ 有

$$f_H(I) \geqslant rf(I),$$

而最坏情况性能比或紧界是使上式成立的最大正数 r。

无论是近似算法还是启发式算法，都是求解排序问题的方法，是方法就有好坏和优劣之分。如何衡量它的好坏呢？一般对近似算法用得较多的是最坏情况的理论分析，从而找到最小的紧界；而对启发式算法用得较多的是数值算例的计算，通过将启发式算法得到的目标函数值下界与其他算法得到的目标函数值或商业软件（如 CPLEX、Gurobi、COPT）算得的结果相比较，得出该启发式算法的性能。当然，有时也可综合使用多种方法来分析和衡量算法的性能。

第2章 博弈论简介

博弈论(game theory)是以数学为主要分析工具,研究在包含多个决策者或者行为主体的局势中,各决策者之间彼此存在交互性决策行为的理论。一般认为,博弈主要可以分为合作博弈和非合作博弈。非合作博弈研究人们在利益相互影响的局势中如何做出决策以使自己的收益最大,即策略选择问题。合作博弈主要研究人们达成合作的条件及如何分配合作得到的收益,以及收益分配问题。两者的区别在于相互发生作用的当事人之间有没有一个具有约束力的协议,如果有,就是合作博弈;否则,就是非合作博弈。本章主要介绍具有转移效用的联盟博弈、纳什讨价还价问题和算法博弈论。

2.1 联盟博弈

合作博弈理论主要关心的是联盟(即参与人集合,coalition),协调他们的行动并且经营他们的收益。因此,这里的核心问题是如何在组成联盟的成员之间分配他们的额外收益(或节省费用)。这个理论是基于 von Neumann 和 Morgenstern 建立的具有特征函数的合作博弈(von Neumann, Morgenstern, 1944),也就是具有转移效用的合作博弈(TU-博弈)。TU-博弈产生了很多的解概念,同时也产生了一些有趣的 TU-博弈的子类。

令 N 为参与人的非空有限集合,不妨设 $N=\{1,2,\cdots,n\}$。参与人考虑不同的合作可能性,每个子集 $S\subset N$ 可看作一个联盟。集合 N 称为大联盟(grand coalition),集合 $\varnothing$ 称为空联盟(empty coalition)。用 2^N 表示 N 的所有子集组成的集合。下面简要给出具有转移效用的联盟博弈的概念。

定义 2.1 具有转移效用的联盟博弈是一序对 $\langle N,v\rangle$,其中 N 为参与人集合,$v:2^N\to\mathbb{R}$ 是满足 $v(\varnothing)=0$ 的特征函数。

实值函数 $v(S)$ 可以解释为当联盟 S 中的参与人合作时,可以获得的最大收益或可节省的最多费用,即可用于成员间分配的总收益。通常称 $\langle N,v\rangle$ 为具有特征函数 v 的博弈。

定义 2.2 在联盟博弈 $\langle N,v\rangle$ 中,如果对所有满足 $S\cap T=\varnothing$ 的 $S,T\in 2^N$,有

$$v(S \cup T) \geqslant v(S)+v(T),$$

则称联盟博弈 $\langle N, v\rangle$ 是超可加的。

如果 $S_1, S_2, \cdots, S_k$ 是两两不相交的联盟，则称 $(S_1, S_2, \cdots, S_k)$ 为 N 的一个分割。在一个超可加博弈中，对于任意分割 $(S_1, S_2, \cdots, S_k)$，都有 $v\left(\bigcup_{i=1}^{k} S_i\right) \geqslant \sum_{i=1}^{k} v(S_i)$，即 $v(N) \geqslant \sum_{i=1}^{k} v(S_i)$。特别地，$v(N) \geqslant \sum_{i=1}^{n} v(i)$。因此，对于一个满足超可加性的博弈，合作对参与人是有利的。

定义 2.3　在联盟博弈 $\langle N, v\rangle$ 中，如果对所有 $S, T \in 2^N$，有

$$v(S \cup T)+v(S \cap T) \geqslant v(S)+v(T), \tag{2.1}$$

则称联盟博弈 $\langle N, v\rangle$ 是凸的。

凸博弈还可以解释为：对于 $\forall i \in N$ 和所有 $S \subset T \subset N \backslash \{i\}$，有

$$v(S \cup \{i\})-v(S) \leqslant v(T \cup \{i\})-v(T)。 \tag{2.2}$$

定义 2.4　关于博弈 $\langle N, v\rangle$，称 $v(S \cup \{i\})-v(S)$ 为参与人 i 对于联盟 S 的边际贡献，记为 $M_i(S, v)=v(S \cup \{i\})-v(S)$。

令 $\pi(N)$ 为 N 的所有排列 $\sigma: N \rightarrow \{1,2, \cdots, n\}$ 的集合。给定一个排列 σ，集合 $P(\sigma, i)=\{r \in N \mid \sigma^{-1}(i)\}$，即 $P(\sigma, i)$ 含有 σ 中所有 i 的前继。下面给出边际贡献向量的定义。

定义 2.5　关于博弈 $\langle N, v\rangle$，令 $\sigma \in \pi(N)$，边际贡献向量 $\boldsymbol{m}^{\sigma}(v) \in \mathbb{R}^n$，其中 $\boldsymbol{m}_i^{\sigma}(v)=v(P(\sigma, i) \cup \{i\})-v(P, i)$。

在不致引起混淆的情况下，称 $\boldsymbol{m}^{\sigma}(v)$ 为边际向量。

式(2.2)意味着参与人对某个联盟的边际贡献随着联盟规模的扩大而增加。因此，在一个凸博弈中，形成大联盟对所有参与人是有利的。

对于每个 $S \in 2^N$，用 $|S|$ 表示 S 中元素的个数，用 $\mathbf{1}^S$ 表示 S 的特征向量，其中

$$\begin{cases} 1_i^S=1, i \in S \\ 1_i^S=0, i \in N \backslash S \end{cases}。$$

下面给出一类重要的具有转移效用的联盟博弈——均衡博弈的概念。

定义 2.6　关于映射 $\lambda: S \in 2^N \backslash \{\varnothing\} \rightarrow \mathbb{R}^+$，如果

$$\sum_{S \in 2^N \backslash \{\varnothing\}} \lambda(S) 1^S=1^N,$$

其中 $\sum_{S: i \in S} \lambda(S)=1$，则称 $\lambda: S \in 2^N \backslash \{\varnothing\} \rightarrow \mathbb{R}^+$ 为均衡映射。

定义 2.7　关于联盟 B，如果存在一个均衡映射 λ 使得 $B=\{S \in 2^N \mid \lambda(S)>0\}$，则称联盟 B 是均衡的。

定义 2.8　在博弈 $\langle N,v\rangle$ 中，如果对任意的均衡映射 $\lambda: S\in 2^N\backslash\{\varnothing\}\rightarrow\mathbb{R}^+$，都有

$$\sum_{S\in 2^N\backslash\{\varnothing\}}\lambda(S)v(S)\leqslant v(N), \tag{2.3}$$

则称博弈 $\langle N,v\rangle$ 是均衡的。

具有转移效用的联盟博弈的基本问题是：如何形成大联盟 N，并且如何分配收益或节省费用 $v(N)$。解决这个问题依赖于合作博弈的解概念，例如，核心、稳定集、Shapley 值和 τ 值等。一个解概念就给出上述问题的一个答案，即当 N 中所有参与人合作时所获得的收益或节省费用，如何在参与人之间进行分配，同时这个分配要考虑参与人形成不同联盟时可能存在的潜在收益或节省费用。因此，一个解概念至少对应着一个支付向量 $\boldsymbol{x}\in\mathbb{R}^n$，其中 x_i 是分配给参与人 $i\in N$ 的支付。合作博弈的解概念一般可以分为集值解和单点解，例如，核心和稳定集是集值解，Shapley 值和 τ 值是单点解。

首先给出集值解核心的定义。

在博弈 $\langle N,v\rangle$ 中，一个支付向量 $\boldsymbol{x}\in\mathbb{R}^n$ 只有满足有效性才有可能被接受，即

$$\sum_{i\in N}x_i=v(N)。$$

如果在建议的支付向量 $\boldsymbol{x}$ 中，至少有一个参与人 $i\in N$ 的支付 x_i 满足 $x_i<v(i)$，则这样的参与人将选择不参加合作，从而导致大联盟不可能形成。因此，在博弈 $\langle N,v\rangle$ 中，若想实现支付向量 $\boldsymbol{x}$，则个体合理性必须成立，即

$$x_i\geqslant v(i)，对所有的 i\in N。$$

Gillies 于 20 世纪 50 年代提出了核心的概念，核心的思想类似于非合作博弈的纳什均衡：如果没有支付的偏离，那么结果就是稳定的。下面给出核心的定义(Gillies,1953)。

定义 2.9　博弈 $i,j\in N$ 的核心 $C(v)$ 是一个包含所有满足有效性和联盟合理性的支付向量 $\boldsymbol{x}\in\mathbb{R}^n$ 的集合，即

(1) $\sum\limits_{i\in N}x_i=v(N)$；

(2) $\sum\limits_{i\in S}x_i\geqslant v(S)$，对所有的 $S\in 2^N\backslash\{\varnothing\}$ 成立。

联盟合理性条件 $\sum\limits_{i\in S}x_i\geqslant v(S)$ 包含了个体合理性条件。如果 $\boldsymbol{x}\in C(v)$，则当 $\boldsymbol{x}$ 作为 N 中参与人的收益支付时，不存在联盟 S 有分裂的动机，这是因为分配给 S 的总量 $\sum\limits_{i\in S}x_i\geqslant v(S)$，而 $v(S)$ 是 S 的参与人形成子联盟时可以获得的最大收益。

核心在理论上具有重要的地位,同时核心 $C(v)$ 中的元素可以通过求解线性不等式系统较容易地获得。但是核心可能是空集,还可能具有相当多的解,下面的例子说明了联盟博弈核心的这一特征。

例 2.1 (三人生产问题)假设有一项任务,三个人合作完成这项任务可以获得 1 个单位的支付,任意两个人合作完成这项任务可以获得 α 单位的支付($\alpha \in [0,1]$),单独一个人无法完成这项任务。

我们可以把上面的生产问题建模为联盟博弈模型 $\langle N,v\rangle$,其中 $N=\{1,2,3\}$,$v(N)=1;v(S)=\alpha,|S|=2;v(i)=0,i\in N$。那么,这个博弈的核心 $C(v)$ 包含了所有支付向量 $\boldsymbol{x}=(x_1,x_2,x_3)^{\mathrm{T}}$,有 $\sum_{i\in N}x_i=1,\sum_{i\in S}x_i=\alpha$,对于任一包含两个参与人的联盟 S。显然,当 $\alpha<\frac{2}{3}$ 时,$C(v)$ 非空且解不唯一;当 $\alpha=\frac{2}{3}$ 时,$C(v)$ 包含唯一解 $\left(\frac{1}{3},\frac{1}{3},\frac{1}{3}\right)^{\mathrm{T}}$;当 $\alpha>\frac{2}{3}$ 时,$C(v)$ 是空集。

关于非空核心与均衡博弈有下面的结果(Bondareva,1963;Shapley,1967)。

定理 2.1 可转移效用的联盟博弈有非空核心当且仅当该博弈是均衡的。

证明:令 $\langle N,v\rangle$ 为一个转移效用的联盟博弈。首先,假设核心 $C(v)\neq\varnothing$,取 $x\in C(v)$。令 $\lambda:S\in 2^N\setminus\{\varnothing\}\to\mathbb{R}^+$ 是一个均衡映射,则

$$\sum_{S\in 2^N\setminus\{\varnothing\}}\lambda(S)v(S)\leqslant\sum_{S\in 2^N\setminus\{\varnothing\}}\lambda(S)x(S)=\sum_{i\in N}x_i\sum_{i\in S}\lambda(S)$$
$$=\sum_{i\in N}x_i=v(N),$$

因此,博弈 $\langle N,v\rangle$ 是均衡的。

现在假设 $\langle N,v\rangle$ 是均衡的,那么不存在均衡映射 $\lambda:S\in 2^N\setminus\{\varnothing\}\to\mathbb{R}^+$,使得 $\sum_{S\in 2^N\setminus\{\varnothing\}}\lambda\{S\}v\{S\}>v\{N\}$。因此,凸集

$$\{(\mathbf{1}^N,v(N)+\varepsilon)\in\mathbb{R}^{n+1}\mid\varepsilon>0\}$$

和凸锥

$$\left\{\boldsymbol{y}\in\mathbb{R}^{n+1}\mid\boldsymbol{y}=\sum_{S\in 2^N\setminus\{\varnothing\}}\lambda(S)(\mathbf{1}^S,v(S)),\lambda(S)\geqslant 0,S\in 2^N\setminus\{\varnothing\}\right\}\tag{2.4}$$

是不相交的。事实上,如果它们是相交的,则存在均衡映射 $\lambda:S\in 2^N\setminus\{\varnothing\}\to\mathbb{R}^+$ 使得 $\sum_{S\in 2^N\setminus\{\varnothing\}}\lambda(S)\mathbf{1}^S=\mathbf{1}^N$,于是 $\lambda(S)$ 是均衡映射并且有 $\sum_{S\in 2^N\setminus\{\varnothing\}}\lambda(S)v(S)>v(N)$,矛盾。由凸集分离定理(见文献(Rockafellar,2017)中的定理 11.3),存在一个非零向量 $(\boldsymbol{\alpha}^N,\alpha)\in\mathbb{R}^n\times\mathbb{R}$,对于凸锥(式(2.4))中的任一 $\boldsymbol{y}$ 和 $\forall\varepsilon>0$,有

$$(\boldsymbol{\alpha}^N, \alpha) \cdot \boldsymbol{y} \geqslant 0 > (\boldsymbol{\alpha}^N, \alpha) \cdot (\mathbf{1}^N, v(N)+\varepsilon)。\tag{2.5}$$

既然 $(\mathbf{1}^N, v(N))$ 也在凸锥(式(2.4))中,则式(2.5)可写为

$$\boldsymbol{\alpha}^N \sum_{S \in 2^N \setminus \{\varnothing\}} \lambda(S) \mathbf{1}^S + \alpha \sum_{S \in 2^N \setminus \{\varnothing\}} \lambda(S) v(S) \geqslant 0 > \boldsymbol{\alpha}^N \mathbf{1}^N + \alpha(v(N)+\varepsilon)。$$

由定义 2.6 知 $\sum_{S: i \in S} \lambda(S)=1$,则由上式可得

$$\boldsymbol{\alpha}^N \mathbf{1}^S + \alpha v(S) \geqslant 0 > \boldsymbol{\alpha}^N \mathbf{1}^N + \alpha(v(N)+\varepsilon),$$

所以 $\alpha < 0$。

令 $\boldsymbol{x} = -\frac{\boldsymbol{\alpha}^N}{\alpha}$。对于 $\forall S \in 2^N \setminus \{\varnothing\}$,既然 $(\mathbf{1}^S, v(S))$ 在凸锥(式(2.4))中,由式(2.5)的左边不等式,可以得到 $\sum_{i \in S} x_i = \mathbf{1}^S x \geqslant v(S)$;由式(2.5)的右边不等式可以得到 $v(N) \geqslant \mathbf{1}^N \boldsymbol{x} \geqslant \sum_{i \in N} x_i$。因此,$v(N) = \sum_{i \in N} x_i$,所以有 $\boldsymbol{x} \in C(v)$。 □

凸博弈是一类常见的均衡博弈。凸博弈具有很好的性质,例如,凸博弈的核心是所有边际贡献向量的凸包(Shapley,1971;Ichiishi,1981)。

下面给出 Shapley 值和 τ 值等单点解的定义。

对于给定的联盟博弈 $\langle N, v\rangle$,Shapley 值对应于一个 $\mathbb{R}^n$ 中的支付向量。Shapley 值的第一个形式用的是博弈边际向量。

定义 2.10 对于博弈 $\langle N, v\rangle$,Shapley 值是博弈边际向量的平均值,记作 $\boldsymbol{\Phi}(v)$,即

$$\boldsymbol{\Phi}(v) = \frac{1}{n} \sum_{\sigma \in \pi(N)} \boldsymbol{m}^{\sigma}(v),\tag{2.6}$$

其中

$$\boldsymbol{\Phi}_i(v) = \frac{1}{n!} \sum_{\sigma \in \pi(N)} [v(P(\sigma, i) \cup \{i\}) - v(P(\sigma, i))]。\tag{2.7}$$

如果我们用 $v(S \cup \{i\}) - v(S)$ 替换式(2.7)中 $v(P(\sigma, i) \cup \{i\}) - v(P(\sigma, i))$,其中 S 为不包含 i 的 N 的子集,那么式(2.7)可以变为

$$\boldsymbol{\Phi}_i(v) = \sum_{S: i \in S} \frac{|S|!\ (n-1-|S|!)}{n!}(v(S \cup \{i\}) - v(S))。\tag{2.8}$$

其中 $|S|!$ 对应于 S 的排列数,$(n-1-|S|!)$ 对应于 $N \setminus (S \cup \{i\})$ 的排列数,$|S|!(n-1-|S|!)$ 对应于 $P(\sigma, i)$ 的排列数。注意,$\frac{|S|!(n-1-|S|!)}{n!} = \frac{1}{n}\binom{n-1}{|S|}^{-1}$,这给出了 Shapley 值的一种概率解释。首先在 $0,1,2,\cdots,n-1$ 之间生成一个随机数,每个数被选中的概率为 $\frac{1}{n}$。

如果 r 被选中，则从所有 $N\backslash\{i\}$ 的子集中选一个基数 r 的子集，不妨设子集 S 被选中，则这样的子集有同样的概率 $\binom{n-1}{|S|}^{-1}$ 被选中。那么，给第 i 个参与人的支付为 $v(S\cup\{i\})-v(S)$，即参与人 i 在他参与的合作 S 中做出的贡献。所以，第 i 个参与人的期望支付就是 Shapley 值。

Shapley 值是 Shapley 基于公理化思想提出来的单点解概念(Shapley, 1953)。在给出 Shapley 公理化描述之前需要进行以下定义：

对于所有的 $S\in N$，如果有 $v(S\cup\{i\})-v(S)=v(\{i\})$，则称参与人 i 在 $\langle N,v\rangle$ 中是虚拟的(dummy)；对于所有的 $S\in N$，如果 $v(S\cup\{i\})-v(S)=v(S\cup\{j\})-v(S)$，则称参与人 i 与 j 是可以互换的(interchangeable)。

(1) 有效性(efficiency)：对任意博弈 $\langle N,v\rangle$，都有 $\sum_{i\in N}\boldsymbol{\Phi}_i(v)=v(N)$。

(2) 对称性(symmetry)：如果 i 与 j 是可以互换的，则 $\boldsymbol{\Phi}_i(v)=\boldsymbol{\Phi}_j(v)$。

(3) 虚拟参与人(dummy player)：如果 i 是虚拟的，则 $\boldsymbol{\Phi}_i(v)=v(i)$。

(4) 可加性(additivity)：如果在 N 上有两个特征函数 v 和 w，对于 $\forall i\in N$，则 $\boldsymbol{\Phi}_i(v+w)=\boldsymbol{\Phi}_i(v)+\boldsymbol{\Phi}_i(w)$。

对称性说明合作获利的分配不随每个人在合作中的记号或次序变化而变化；虚拟参与人说明如果一个成员对于任何他参与的联盟都没有贡献，则他不应当从全体合作中获利；可加性表明有多种合作时，每种合作的利益分配方式与其他合作结果无关。对于 Shapley 值的其他公理化描述可参考有关文献(Branzei et al.,2008;施锡铨,2012)。

Shapley 证明了式(2.6)确定的满足上述四条公理的解是唯一的(Shapley,1953)。

定理 2.2 Shapley 值是唯一的满足对称性、虚拟参与人、可加性与有效性的解。

对于每一个博弈 $\langle N,v\rangle$ 都存在一个唯一的 Shapley 值。因此，与核心相比，Shapley 值在实际中应用得更为普遍。但是 Shapley 值在一定场合也是有缺陷的。例如，在二人合作博弈中，由式(2.7)确定的两个参与人获得的支付是相同的。但实际上，在多数场合这个结论是不成立的，特别是一个处于优势的参与人与处于劣势的参与人合作的时候。

2.2 纳什讨价还价问题

本节从联盟博弈的角度简单介绍两人讨价还价问题及其求解过程。

讨价还价是对已有的或者合作之后能够得到的利益或节省费用的分配。如果两个参与人通过谈判形成合作，那么合作产生的效用(获得的利益或费用节省)记为 $v(\{1,2\})$，令谈判的结果是参与人 1 获得支付 x_1，参与人 2 获得支付 x_2，则有 $x_1+x_2=v(\{1,2\})$。这样的 (x_1,x_2) 构成了一个可行配置(支付向量)，所有可行的配置 (x_1,x_2) 形成了两人讨价还价问题的可行配置集，记为 F。

取 F 中的两个配置 (x_1,x_2) 和 (y_1,y_2)，令 $\theta\in[0,1]$，由前面的讨论知道 $\theta(x_1,x_2)+(1-\theta)(y_1,y_2)$ 也是一个可行配置。因此，可行配置集 F 是一个凸集。如果谈判失败，即在不合作状态下，参与人分别获得支付 $v(\{1\})$ 与 $v(\{2\})$，令 $e_1=v(\{1\})$，$e_2=v(\{2\})$，称在不合作状态下的效用配置(disagreement payoff allocation) (e_1,e_2) 为无协议点(Muthoo，1999)。e_1 和 e_2 相当于两个参与人在讨价还价过程中各自坚持的底线。考虑到博弈的个体理性性质，如果 (x_1,x_2) 是最终谈判结果，则有 $x_1\geqslant e_1,x_2\geqslant e_2$。

下面给出两人讨价还价问题的定义(施锡铨，2012)。

定义 2.11　两人讨价还价问题是一个序对 $\langle F,\boldsymbol{e}\rangle$，其中 F 表示 $\mathbb{R}^2$ 上的一个闭凸子集，$\boldsymbol{e}=(e_1,e_2)$ 是 $\mathbb{R}^2$ 中的一个点，且 $F\cap\{(x_1,x_2)\mid x_1\geqslant e_1,x_2\geqslant e_2\}$ 是非空有界集合。

在两人讨价还价问题中，无法达成合作时的无协议点 (e_1,e_2) 对于求解博弈的解有着至关重要的作用。但我们在讨论两人讨价还价问题时，总是假设 (e_1,e_2) 是事先知道的。

研究两人讨价还价问题，其目的是从 $F\cap\{(x_1,x_2)\mid x_1\geqslant e_1,x_2\geqslant e_2\}$ 中找出一个或若干个合理的效用配置，作为参与人的谈判结果。记这样的谈判结果为 $\varphi(F,\boldsymbol{e})$，即两人讨价还价问题的解。在研究两人讨价还价问题的解时，从不同的角度考虑会得到不同的解概念。纳什从公理的角度提出讨价还价解的概念。下面简要介绍产生纳什讨价还价解的公理系统。

令 $\boldsymbol{\varphi}(F,\boldsymbol{e})=(\varphi_1(F,\boldsymbol{e}),\varphi_2(F,\boldsymbol{e}))\in F$ 为讨价还价问题的解，其中 $\varphi_1(F,\boldsymbol{e})$ 和 $\varphi_2(F,\boldsymbol{e})$ 分别表示参与人 1 和 2 的支付。

(1) 个体合理性(individual rationality)：$\varphi_1(F,\boldsymbol{e})\geqslant v_1,\varphi_2(F,\boldsymbol{e})\geqslant v_2$。

(2) 帕累托有效性(Pareto efficiency)：对于 $\forall\boldsymbol{x}\in F$，如果 $\boldsymbol{x}\geqslant\boldsymbol{\varphi}(F,\boldsymbol{e})$，则有 $x_1=\varphi_1(F,\boldsymbol{e}),x_2=\varphi_2(F,\boldsymbol{e})$。

(3) 对称性(symmetry)：如果 $(x_1,x_2)\in F$，则有 $(x_2,x_1)\in F$，并且若 $e_1=e_2$，则 $\varphi_1(F,\boldsymbol{e})=\varphi_2(F,\boldsymbol{e})$。

(4) 无关选择的独立性(independence of irrelevant alternatives)：假设 $\langle F,v\rangle$ 和 $\langle F',v'\rangle$ 分别是两个两人讨价还价问题，其中 $v=v'$，如果 $F'\subseteq F$，并且 $\boldsymbol{\varphi}(F,\boldsymbol{e})\in F'$，那么 $\varphi(F,v)=\varphi(F',v')$。

帕累托有效性说明在 F 中找不到这样的配置 $\boldsymbol{x}$，使得任何参与人觉得 $\boldsymbol{x}$ 比 $\boldsymbol{\varphi}(F,v)$ 更令人满意。对称性的第二点说明，在讨价还价中地位相等的参与人，最终的结果应该给予他们相同的待遇。

Nash 证明了满足上述公理的两人讨价还价问题存在唯一的讨价还价解(Nash，1950，1953)。

定理 2.3 对于两人讨价还价问题 $(F,\boldsymbol{e})$，存在满足个体合理性、帕累托有效性、对称性、无关选择的独立性的唯一讨价还价解，它使纳什积达到最大的 (x_1,x_2)。也就是纳什讨价还价解是如下问题的解：

$$\boldsymbol{\varphi}(F,v) \in \arg \max_{\boldsymbol{x}\in F \ x_1\geqslant e_1,x_2\geqslant e_2} (x_1-e_1)(x_2-e_2)。 \tag{2.9}$$

2.3 算法博弈论

算法博弈论作为计算机理论科学和博弈论的一个新的交叉研究领域，运用算法分析的理论和方法，从具体优化问题的角度在博弈论框架下进行应用建模，寻求最优解、判断不可解问题以及研究可解优化的上下限问题；讨论问题的可计算性，即参与人能否可以在多项式时间内达到一个均衡状态；同时为了令社会成员参与其中，得出的博弈解恰好符合设计者所想达到的社会选择，它也研究如何设计一个博弈形式，或者称作机制，促使参与人在自身利益驱动下选择设计者期望的策略，实现符合设计目标的系统总体均衡态。本节主要介绍本书涉及的一些概念及其定义。

一个博弈由下面三个要素刻画：一群局中人(player)；每个局中人必须选择一个策略(strategy)；所有局中人决策后形成的局势(strategy profile)，即指具有完全信息的静态博弈。根据这个模型，所有的局中人独立并且同时做出他们的决定。因此一个 n 人策略式博弈的严格定义如下。

定义 2.12 策略博弈可用一个三元组 $G=\{N,A,c\}$ 表示。其中 N 表示局中人集合；对于每个局中人 $i\in N$，有一个非空的策略空间 A_i。令 $A=\prod_{i\in N} A_i$ 为所有局势的集合；对于每个局中人 $i\in N$，有一个费用函数 c_i：$A\rightarrow \mathbb{R}$，并且 $c=\prod_{i\in N} c_i$。

定义 2.13 设三元组 $G=\{N,A,c\}$ 是一个策略式博弈，如果博弈 G 有有限个局中人并且对每个局中人而言都只有有限个策略可供选择，那么我们就称这个博弈 G 为有限策略博弈。

纳什均衡(Nash equilibrium)是博弈论中一个里程碑式的均衡概念。

定义 2.14　设三元组 $G=\{N,A,c\}$ 是一个策略式博弈，具有如下性质的一个局势 $a^* \in A$ 称为纳什均衡：对每个局中人 $i \in N$ 和每个策略 $a_i^- \in A_i$，都有 $c_i(a^*) \leqslant c_i(a_{-i}^*, a_i^-)$。这里 $a_{-i}^* = \{a_1^*, a_2^*, \cdots, a_{i-1}^*, a_{i+1}^*, \cdots, a_n^*\}$。

Aumann 最先提出强均衡（strong equilibrium）的概念（Aumann，1959）。在强均衡中，没有联盟能够偏离当前的局势使联盟中每个成员的费用均减少。

定义 2.15　设三元组 $G=\{N,A,c\}$ 是一个策略式博弈，一个局势 $a^* \in A$ 称为强均衡，若它具有如下性质：对由局中人组成的任意一个联盟 Γ 以及 Γ 的任意一个偏离 a_Γ，至少有一个局中人 $i \in \Gamma$ 满足 $c_i(a^*) \leqslant c_i(a_{-\Gamma}^*, a_\Gamma)$。

由定义 2.15 可以看出，任意强均衡都是纳什均衡，但反之不然。通常用定义在局势上的实值函数来反映博弈的社会费用（social cost）或者博弈的社会效益（social utility）。

类似于优化问题中的目标函数，所谓最优局势是社会费用最小或社会效益最大的局势。注意到纳什均衡并不总是最优局势，为了衡量均衡的效率，引入两种衡量标准无秩序代价（price of anarchy，POA）和稳定代价（price of stability，POS）。POA 是指博弈中最坏纳什均衡的目标函数值与最优值的比值，POS 是指博弈中最好纳什均衡的目标函数值与最优值的比值。类似地，可以定义强无秩序代价（strong price of anarchy，SPOA）和强稳定代价（strong price of stability，SPOS）。SPOA 是指博弈中最坏强均衡的目标函数值与最优值的比值，SPOS 则是指博弈中最好强均衡的目标函数值与最优值的比值。具体地，令 G 为一个策略式博弈，其最优准则是极小化社会费用，$N(G)$、$S(G)$ 分别表示它的所有纳什均衡、强均衡组成的集合，$C(a)$ 表示 G 中局势 a 的社会费用，C^* 表示最优社会费用。用 POA(G)、SPOA(G)、POS(G)、SPOS(G) 分别表示博弈 G 的 POA、SPOA、POS、SPOS，则

$$\mathrm{POA}(G)=\max\left\{\frac{C^N}{C^*}\,\middle|\, N \in N(G)\right\}=\frac{\max\{C^N \mid N \in N(G)\}}{C^*},$$

$$\mathrm{SPOA}(G)=\max\left\{\frac{C^N}{C^*}\,\middle|\, N \in S(G)\right\}=\frac{\max\{C^N \mid N \in S(G)\}}{C^*},$$

$$\mathrm{POS}(G)=\min\left\{\frac{C^N}{C^*}\,\middle|\, N \in N(G)\right\}=\frac{\min\{C^N \mid N \in N(G)\}}{C^*},$$

$$\mathrm{SPOS}(G)=\min\left\{\frac{C^N}{C^*}\,\middle|\, N \in S(G)\right\}=\frac{\min\{C^N \mid N \in S(G)\}}{C^*}。$$

类似地，若最优准则是极大化社会效益，则 POA(G)、SPOA(G)、POS(G)、SPOS(G) 可分别定义为

$$\mathrm{POA}(G)=\max\left\{\frac{C^*}{C^N}\middle| N\in N(G)\right\}=\frac{C^*}{\min\{C^N\mid N\in N(G)\}},$$

$$\mathrm{SPOA}(G)=\max\left\{\frac{C^*}{C^N}\middle| N\in S(G)\right\}=\frac{C^*}{\min\{C^N\mid N\in S(G)\}},$$

$$\mathrm{POS}(G)=\min\left\{\frac{C^*}{C^N}\middle| N\in N(G)\right\}=\frac{C^*}{\max\{C^N\mid N\in N(G)\}},$$

$$\mathrm{SPOS}(G)=\min\left\{\frac{C^*}{C^N}\middle| N\in S(G)\right\}=\frac{C^*}{\max\{C^N\mid N\in S(G)\}}。$$

易知 $\mathrm{POA}(G)\geqslant\mathrm{SPOA}(G)\geqslant\mathrm{SPOS}(G)\geqslant\mathrm{POS}(G)$。对算法博弈论的详细介绍可参看专著 *Algorithmic game theory*(Nisan,2007)。本书第 6 章和第 7 章介绍非合作排序博弈,它是对经典排序问题从非合作博弈的角度予以分析研究,其主要内容是对均衡效率进行分析,这也是算法博弈论的重要内容。

第3章 联盟排序博弈

在过去的四十多年里，产生了许多组合优化与合作博弈论的交叉研究领域。例如，分配博弈(Shapley et al.，1972)，最小支撑树博弈(Granot et al.，1981)，中国邮递员博弈(Granot et al.，1999)等。在排序论与合作博弈理论的交叉领域，Curiel 等最早研究了联盟排序博弈问题(Curiel et al.，1989)，自此联盟排序博弈问题受到了广泛的关注，对于这一问题取得了丰富的研究成果(Curiel et al.，1994；Hamers et al.，1995；Borm et al.，2002；Hamers et al.，1999；Calleja et al.，2002；van Velzen et al.，2003)。联盟排序博弈的研究一般需要解决两个问题，一个是极小化总费用或者极大化总收益，另一个是如何在参与人之间分配节省的费用或者获得的收益。前者需要利用组合优化的理论技术方法进行处理，后者是在合作博弈理论研究范畴内解决。本章主要介绍联盟排序博弈的基本概念、模型建立以及基本联盟排序博弈问题的一些解和性质。

3.1 引言

经典排序问题是一个单决策者问题，即假设属于同一个决策者的有限多个工件在一台或者多台机器上按照顺序依次加工，这个决策者将决定工件的加工顺序从而使某排序指标达到最优。然而，在实际的生产活动中存在许多类似的多决策者问题，工件属于不同的决策者(agents)，后面也称为参与人，并且工件已经有一个初始的排序。例如，在某银行服务大厅内，多个客户在柜台前站成一排等待服务，每个客户有一个任务，已知每个客户的任务的服务时间，并且每个客户的费用函数是客户服务完毕时间的不减函数。多个决策者通过合作(联盟)即联合行动共同决定工件的加工顺序，能够产生节省费用。如何产生最大的节省费用，以及如何在参与合作的参与人中分配这些节省的费用，是这个多决策者问题需要解决的。这样的多决策者问题可以建模为一个可转移效用的合作博弈问题，即联盟排序博弈。本节以一台机器为例讨论联盟排序博弈等相关概念及性质。

在讨论如何产生最大的节省费用之前，首先给出非常重要的概念，即排序局势的定义。

在一个排序局势(sequencing situation)中,有 n 个参与人 $N=\{1,2,\cdots,n\}$,每个参与人有一个工件,所有工件将在一台机器上加工,参与人 i 的工件的加工时间为 p_i。假设对于所有参与人(或工件)已存在一个初始排序 $\sigma_0: N \to \{1,2,\cdots,n\}$,$\sigma_0(i)=j$ 表示参与人 i 的工件在位置 j 加工。对于每一个参与人 $i \in N$,其加工费用函数表示为 $c_i(t)=\alpha_i t, \alpha_i > 0$。即 $c_i(t)$ 表示当参与人 i 的工件在 t 时刻完工时的费用。在不致引起混淆的情况下,i 既表示第 i 个参与人,也表示第 i 个工件。

定义 3.1 一个排序局势可以表示为 $\langle N, \sigma_0, \boldsymbol{p}, \boldsymbol{\alpha} \rangle$,其中 $N=\{1,2,\cdots,n\}$ 是参与人集合,$\sigma_0: N \to \{1,2,\cdots,n\}$ 是初始排序,$\boldsymbol{p}=(p_1,p_2,\cdots,p_n) \in \mathbb{R}_0^n$,$\boldsymbol{\alpha}=(\alpha_1,\alpha_2,\cdots,\alpha_n) \in \mathbb{R}_0^n$。

令 $\sigma \in \pi(N)$,其中 $\pi(N)$ 表示所有工件的可能排序(排列)集合。这里假设在所有排序中,任意一对相邻加工的工件之间机器没有空闲。工件 i 在 σ 中的开始加工时间记为 $t_{\sigma,i}$,则

$$t_{\sigma,i}=\begin{cases} t_{\sigma,j}+p_j, & \sigma(i)>1 \\ 0, & \sigma(i)=1 \end{cases},$$

其中 j 是工件 i 的紧前工件,即 $\sigma(j)=\sigma(i)-1$。那么工件 i 在 σ 中的完工时间 $C(\sigma,i)=t_{\sigma,i}+p_i$。

对于排序局势 $\langle N, \sigma_0, \boldsymbol{p}, \boldsymbol{\alpha} \rangle$,显然存在一个排序使得总费用 $\sum_{i \in N} c_i(t)$ 最小,从而获得最大节省费用。这样的排序称为排序局势 $\langle N, \sigma_0, \boldsymbol{p}, \boldsymbol{\alpha} \rangle$ 的最优排序,记为 $\hat{\sigma}_N \in \pi(N)$。为简便起见,排序局势 $\langle N, \sigma_0, \boldsymbol{p}, \boldsymbol{\alpha} \rangle$ 的最优排序也记为 $\hat{\sigma}$。

在最优排序中,所有工件按照紧急系数 $\mu_i=\dfrac{\alpha_i}{p_i}$ 不增的顺序加工(Smith,1956)。因此,一个最优排序可以由初始排序 σ_0 连续执行以下程序获得:如果存在一对相邻加工的两个工件 i 和 j,工件 i 在 j 之前加工,且 $\mu_i < \mu_j$,则交换 i 和 j 的加工顺序。

下面利用合作博弈理论,首先基于排序局势 $\langle N, \sigma_0, \boldsymbol{p}, \boldsymbol{\alpha} \rangle$ 建立联盟排序博弈模型,然后讨论一些分配规则,从而解决如何分配最大节省费用的问题。

对于排序局势 $\langle N, \sigma_0, \boldsymbol{p}, \boldsymbol{\alpha} \rangle$,联盟 S 的加工费用表示为 $c_{\sigma_0}(S)=\sum_{i \in S} \alpha_i C(\sigma_0, i)$,那么大联盟 N 的最大节省费用为 $c_{\sigma_0}(N)-c_{\hat{\sigma}}(N)$。

定义 3.2 如果对于所有的 $j \in N \backslash S$,有

$$P(\sigma_0, j)=P(\sigma, j),$$

则称联盟 S 在排序 σ 中是连续的(continuous)。其中 $P(\sigma,j)$ 表示排序 σ 中在工件 j 之前加工的工件集合。

联盟 S 在排序 σ 中是连续的意味着在排序 σ 中，对于任意 $i,j \in S$ 和 $k \in N$，如果 $\sigma(i) < \sigma(k) < \sigma(j)$，则有 $k \in S$，并且工件 $j \in N\backslash S$ 的开始加工时间等于它在初始排序 σ_0 中的开始加工时间。假设联盟 S 中的工件跳过 S 之外的工件进行交换是不被允许的。

下面的联盟排序博弈的定义是 Curiel 等(1989)首次给出的。

定义 3.3 关于排序局势 $\langle N,\sigma_0,\boldsymbol{p},\boldsymbol{\alpha}\rangle$，对应的联盟排序博弈表示为 $\langle N,v\rangle$，其中

$$v(S)=\max_{\sigma\in\pi(N)}\left\{\sum_{i\in S}\alpha_i(C(\sigma_0,i)-C(\sigma,i))\right\}, \tag{3.1}$$

且满足 $v(\varnothing)=0, S\in 2^N$。

在初始排序 σ_0 中，如果 i 是 j 的紧前工件，令 $g_{ij}=\max\{0,\alpha_j p_i-\alpha_i p_j\}$ 表示交换 i 和 j 的加工顺序后获得的节省费用。对于排序 σ_0 中任意连续的联盟 S，式(3.1)可以用 g_{ij} 表示如下：

$$v(S)=\sum_{i,j\in S:\sigma_0(i)<\sigma_0(j)} g_{ij} \tag{3.2}$$

对于一个在排序 σ_0 中非连续的联盟 T，其特征函数表示为

$$v(T)=\sum_{S\in T\backslash\sigma_0} v(S)。 \tag{3.3}$$

其中 $T\backslash\sigma_0$ 是联盟 T 的所有极大连续子联盟(components)的集合，一个 T 的极大连续子联盟是指在排序 σ 中，如果再增加一个 T 中的工件将不再连续的联盟。

例 3.1 令 $N=\{1,2,3\}, \sigma_0(i)=i, i\in N, \boldsymbol{p}=(2,2,1), \boldsymbol{\alpha}=(4,6,5)$。计算得 $g_{12}=g_{23}=4, g_{13}=6$。则对于任意 $i\in N$，有 $v(\{i\})=0, v(\{1,2\})=v(\{2,3\})=4, v(\{1,3\})=v(\{1\})+v(\{3\})=0, v(N)=14$。

现在介绍两类与联盟排序博弈密切相关的博弈问题：Tijs 等首次提出的排列博弈(permutation games)(Tijs et al.,1984)和 Curiel 等首次提出的 σ-极大连续联盟可加博弈(σ-component additive games)(Curiel et al.,1993)。

在排列博弈中有 n 个参与人，每个参与人有一个工件和一台机器，每台机器同一时间只能加工一个工件。如果参与人 i 的工件在参与人 j 的机器上加工，那么加工费用是 α_{ij}，并且在参与人之间的补偿性支付是允许的。令 $N=\{1,2,\cdots,n\}$ 表示参与人的集合。对于任意 $S\in 2^N\backslash\{\varnothing\}$，令 $\pi(S)$ 表示 S 中参与人的所有排列集合。

定义 3.4 排列博弈是一个序对 $\langle N,v\rangle$，其中

$$v(S)=\sum_{i\in S}\alpha_{ii}-\min_{\sigma_S\in\pi(S)}\sum_{i\in S}\alpha_{i\sigma_S(i)}, \tag{3.4}$$

这里 $S\in 2^N\backslash\{\varnothing\}$ 且 $v(\varnothing)=0$。

在排列博弈中，初始的排列局势是每个参与人都要加工自己的工件。联盟 S 的最大节省费用 $v(S)$ 可以通过比较 S 中工件的最优排列和初始排列的值获得。Tijs 等(1984)给出了排列博弈的如下结果，对于该结果，Tijs 等(1984)、Curiel 和 Tijs(1986)，以及 Klijn 等(2000)分别给出了证明。

定理 3.1 排列博弈 $\langle N,v\rangle$ 是均衡的。

由定理 2.1 和定理 3.1 知排列博弈 $\langle N,v\rangle$ 的核心是非空的。下面给出 σ-极大连续联盟可加博弈的定义。

定义 3.5 称博弈 $\langle N,v\rangle$ 为 σ-极大连续联盟可加博弈，如果 $\langle N,v\rangle$ 满足以下条件：

(1) $v(\{i\})=0, i\in N$。

(2) $\langle N,v\rangle$ 满足超可加性，即对任意的 $S,T\in 2^N$，如果 $S\cap T=\varnothing$，则有 $v(S\cup T)\geqslant v(S)+v(T)$。

(3) (极大连续子联盟可加性)对于任意的 $T\in 2^N$，有 $v(T)=\sum\limits_{S\in T\backslash\sigma_0} v(S)$，其中 $T\backslash\sigma_0$ 表示联盟 T 的所有极大连续子联盟的集合。

Curiel 等(1994)证明了 σ-极大连续联盟可加博弈有非空的核心。

定理 3.2 σ-极大连续联盟可加博弈 $\langle N,v\rangle$ 是均衡的。

证明：令

$$\beta_i(v)=\frac{1}{2}[v(P(\sigma,i)\cup\{i\})-v(P(\sigma,i))+v(F(\sigma,i)\cup\{i\})-v(F(\sigma,i))],\tag{3.5}$$

其中，$P(\sigma,i)$ 和 $F(\sigma,i)$ 分别表示在排序 σ 中工件 i 的前继工件集合和后继工件集合。

对于任意连续联盟 $S\in 2^N$，不妨设 $S=\{i\in N\mid a\leqslant\sigma(i)\leqslant b\}$，有

$$\begin{aligned}2\sum_{i\in S}\beta_i(v)&=\sum_{i\in S}[v(P(\sigma,i)\cup\{i\})-v(P(\sigma,i))+v(F(\sigma,i)\cup\{i\})-\\&\quad v(F(\sigma,i))]\\&=v(P(\sigma,\sigma^{-1}(b))\cup\{\sigma^{-1}(b)\})-v(P(\sigma,\sigma^{-1}(a)))+\\&\quad v(F(\sigma,\sigma^{-1}(a))\cup\{\sigma^{-1}(a)\})-v(F(\sigma,\sigma^{-1}(b)))\\&\geqslant 2v(S)。\end{aligned}$$

上式中的第二个等号可以通过消除展开后的相等项获得。不等号由 σ-极大连续联盟可加博弈的超可加性以及下面的两式获得：

$$P(\sigma,\sigma^{-1}(a))\cup S=P(\sigma,\sigma^{-1}(b))\cup\{\sigma^{-1}(b)\},$$

$$S\cup F(\sigma,\sigma^{-1}(b))=\{\sigma^{-1}(a)\}\cup F(\sigma,\sigma^{-1}(a))。$$

如果 $S=N$，即 $a=1$ 和 $b=n$，则有

$$2\sum_{i\in N}\beta_i(v)=v(P(\sigma,\sigma^{-1}(n))\cup\{n\})+v(F(\sigma,\sigma^{-1}(1))\cup\{1\})$$
$$=2v(N)。$$

所以,由式(3.5)定义的 $\boldsymbol{\beta}(v)=(\beta_1(v),\beta_2(v),\cdots,\beta_n(v))$ 属于 σ -极大连续联盟可加博弈 $\langle N,v\rangle$ 的核心。 □

对于任意不连续联盟 $S\in 2^N$,利用极大连续子联盟可加性与上述结果可以证明 $\beta(v)$ 属于 σ -极大连续联盟可加博弈 $\langle N,v\rangle$ 的核心。因此,σ -极大连续联盟可加博弈 $\langle N,v\rangle$ 是均衡的。

3.2 单机联盟排序博弈

本节讨论经典的一台机器环境下的联盟排序博弈问题,该博弈是均衡的。事实上,定义 3.3 给出了一个单机联盟排序博弈 $\langle N,v\rangle$,其特征函数可以由式(3.2)和式(3.3)计算得到。由式(3.3)知,博弈 $\langle N,v\rangle$ 满足极大连续子联盟可加性,由式(3.2)知该博弈是超可加的,且有 $v(\varnothing)=0$。因此该博弈是 σ -极大连续联盟可加博弈,故由定理 3.2 可知,对应于排序局势 $\langle N,\sigma_0,\boldsymbol{p},\boldsymbol{\alpha}\rangle$ 的单机联盟排序博弈 $\langle N,v\rangle$ 是均衡的。下面的结果说明单机联盟排序博弈 $\langle N,v\rangle$ 也是凸的(Curiel et al.,1989)。

定理 3.3　令 $(N,\sigma_0,\boldsymbol{p},\boldsymbol{\alpha})$ 为一单机排序局势,对应的单机联盟排序博弈 $\langle N,v\rangle$ 是凸博弈。

证明:令 $i\in N,S\subset T\subset N\backslash\{i\}$。存在 $U_1,V_1\in S\backslash\sigma_0\cup\{\varnothing\},U_2,V_2\in T\backslash\sigma_0\cup\{\varnothing\},U_1,U_2\subseteq P(\sigma_0,i),V_1,V_2\subseteq F(\sigma_0,i)$,则 $U_1\cup\{i\}\cup V_1$ 与 $U_2\cup\{i\}\cup V_2$ 在排序 σ_0 中都是连续的,且 $U_1\subseteq U_2,V_1\subseteq V_2$。所以

$$v(S\cup\{i\})-v(S)=\sum_{k\in U_1}g_{ki}+\sum_{j\in V_1}g_{ij}\leqslant\sum_{k\in U_2}g_{ki}+\sum_{j\in V_2}g_{ij}$$
$$=v(T\cup\{i\}-v(T))。$$

由式(2.2)可知单机联盟排序博弈 $\langle N,v\rangle$ 是凸博弈。 □

关于单机联盟排序博弈 $\langle N,v\rangle$,式(3.5)中定义的分配向量 $\boldsymbol{\beta}(v)$ 等于两个特殊边际贡献向量的平均值,属于 $\langle N,v\rangle$ 的核心 $C(v)$。下面讨论另一个基于平均主义的分配规则:等收益分配(equal gain splitting, EGS)规则。

3.2.1 EGS 规则

由式(3.2)可得

$$v(N)=\sum_{i,j\in N:\sigma_0(i)<\sigma_0(j)}g_{ij}。\tag{3.6}$$

EGS 规则最早是由 Curiel 等(1989)中给出的,它按照下式把最大节省费用 $v(N)$ 分配给所有参与人,对于任意的 $i \in N$,

$$\mathrm{EGS}_i(N,\sigma_0,\boldsymbol{p},\boldsymbol{\alpha})=\frac{1}{2}\sum_{k\in P(\sigma_0,i)} g_{ki}+\frac{1}{2}\sum_{j\in F(\sigma_0,j)} g_{ij}。 \tag{3.7}$$

注意到 EGS 规则不需要求解排序局势 $(N,\sigma_0,\boldsymbol{p},\boldsymbol{\alpha})$ 的最优排序。对于任意 $i \in N$,EGS 规则将所有与参与人 i 的邻接交换(neighbour switch)的收益的一半分配给 i,它实际上参与了从初始排序到最优排序的全过程。

定理 3.4 对于排序局势 $(N,\sigma_0,\boldsymbol{p},\boldsymbol{\alpha})$,关于相应的单机联盟排序博弈 $\langle N,v\rangle$,有 $\mathrm{EGS}(N,\sigma_0,\boldsymbol{p},\boldsymbol{\alpha}) \in C(v)$。

证明:由式(3.7)易得

$$\sum_{i\in N}\mathrm{EGS}_i(N,\sigma_0,\boldsymbol{p},\boldsymbol{\alpha})=\sum_{i,j\in N:\sigma_0(i)<\sigma_0(j)} g_{ij}。 \tag{3.8}$$

由式(3.6)得

$$\sum_{i\in N}\mathrm{EGS}_i(N,\sigma_0,\boldsymbol{p},\boldsymbol{\alpha})=v(N)。$$

令 $S\in 2^N$,有

$$\begin{aligned}\sum_{i\in S}\mathrm{EGS}_i(N,\sigma_0,\boldsymbol{p},\boldsymbol{\alpha})&=\sum_{i\in S}\frac{1}{2}\Big(\sum_{k\in P(\sigma_0,j)} g_{ki}+\sum_{j\in F(\sigma_0,j)} g_{ij}\Big)\\&\geqslant\sum_{i\in S}\frac{1}{2}\Big(\sum_{k\in P(\sigma_0,j)\cap S} g_{ki}+\sum_{j\in F(\sigma_0,j)\cap S} g_{ij}\Big)\\&=\sum_{i,j\in S:\sigma_0(i)<\sigma_0(j)} g_{ij}\\&\geqslant v(S)。\end{aligned}$$

上式中第二个不等式由式(3.2)和式(3.3)得到,所以,$\mathrm{EGS}_i(N,\sigma_0,\boldsymbol{p},\boldsymbol{\alpha}) \in C(v)$。

例 3.2 令 $N=\{1,2,3\}$,$\sigma_0(i)=i$,$i\in N$,$\boldsymbol{p}=(2,2,1)$,$\boldsymbol{\alpha}=(4,6,5)$。由例 3.1 得 $g_{12}=g_{23}=4$,$g_{13}=6$。由式(3.7)可得

$$\mathrm{EGS}_1(N,\sigma_0,\boldsymbol{p},\boldsymbol{\alpha})=\frac{1}{2}(4+6)=5,$$

$$\mathrm{EGS}_2(N,\sigma_0,\boldsymbol{p},\boldsymbol{\alpha})=\frac{1}{2}(4+4)=4,$$

$$\mathrm{EGS}_3(N,\sigma_0,\boldsymbol{p},\boldsymbol{\alpha})=\frac{1}{2}(6+4)=5。$$

则有 $\sum_{i\in N}\mathrm{EGS}_i(N,\sigma_0,\boldsymbol{p},\boldsymbol{\alpha})=14=v(N)$,且对任意 $i\in N$ 有

$$\mathrm{EGS}_i(N,\sigma_0,\boldsymbol{p},\boldsymbol{\alpha})>0,$$

$$\sum_{i\in\{1,2\}} \mathrm{EGS}_i(N,\sigma_0,\boldsymbol{p},\boldsymbol{\alpha})=9>4=v(\{1,2\}),$$

$$\sum_{i\in\{1,3\}} \mathrm{EGS}_i(N,\sigma_0,\boldsymbol{p},\boldsymbol{\alpha})=10>0=v(\{1,3\}),$$

$$\sum_{i\in\{2,3\}} \mathrm{EGS}_i(N,\sigma_0,\boldsymbol{p},\boldsymbol{\alpha})=9>4=v(\{2,3\})。$$

EGS规则平均分配所有的邻接交换节省费用给参与交换的参与人。现在考虑一类收益分配(gain splitting,GS)规则,它是平均分配规则的推广,对于每个参与人,在每一次参与的邻接交换所产生的节省费用中,获得一个非负的支付。令$\Lambda=\{(\lambda_{ij})_{i,j\in N,\sigma_0(i)<\sigma_0(j)}\mid 0\leqslant\lambda_{ij}\leqslant 1\}$,对任意$i\in N$与$\lambda\in\Lambda$,

$$\mathrm{GS}_i^\lambda(N,\sigma_0,\boldsymbol{p},\boldsymbol{\alpha})=\sum_{k\in P(\sigma_0,i)}\lambda_{ki}g_{ii}+\sum_{j\in F(\sigma_0,i)}(1-\lambda_{ij})g_{ij}。$$

注意对于每个$\lambda\in\Lambda$,将获得不同的支付向量$\mathrm{GS}_i^\lambda(N,\sigma_0,\boldsymbol{p},\boldsymbol{\alpha})$。特别是对于任意$i,j\in N,\sigma_0(i)<\sigma_0(j)$,当$\lambda_{ij}=\frac{1}{2}$时,$\mathrm{GS}_i^\lambda(N,\sigma_0,\boldsymbol{p},\boldsymbol{\alpha})=\mathrm{EGS}_i(N,\sigma_0,\boldsymbol{p},\boldsymbol{\alpha})$。

例3.3　考虑例3.2中的排序局势$(N,\sigma_0,\boldsymbol{p},\boldsymbol{\alpha})$,取$\lambda_{12}=\frac{3}{4},\lambda_{13}=\frac{1}{3}$和$\lambda_{23}=1$,则$\mathrm{GS}^\lambda(N,\sigma_0,\boldsymbol{p},\boldsymbol{\alpha})=(5,5,4)$。

称由所有按GS规则得到的支付向量构成的集合为**分裂核心**(split core,SPC),并记为$\mathrm{SPC}(N,\sigma_0,\boldsymbol{p},\boldsymbol{\alpha})$,则

$$\mathrm{SPC}(N,\sigma_0,\boldsymbol{p},\boldsymbol{\alpha})=\{\mathrm{GS}^\lambda(N,\sigma_0,\boldsymbol{p},\boldsymbol{\alpha})\mid\lambda\in\Lambda\}。$$

分裂核心是Hamers等提出的,并且给出了下面的结论(Hamers et al.,1996)。

定理3.5　对于排序局势$(N,\sigma_0,\boldsymbol{p},\boldsymbol{\alpha})$,关于相应的单机联盟排序博弈$\langle N,v\rangle$,有$\mathrm{SPC}(N,\sigma_0,\boldsymbol{p},\boldsymbol{\alpha})\subset C(v)$。

证明:令$\mathrm{GS}^\lambda(N,\sigma_0,\boldsymbol{p},\boldsymbol{\alpha})\in\mathrm{SPC}(N,\sigma_0,\boldsymbol{p},\boldsymbol{\alpha})$,对于任意$S\in 2^N$和$\lambda\in\Lambda$,有

$$\begin{aligned}\sum_{i\in S}\mathrm{GS}_i^\lambda(N,\sigma_0,\boldsymbol{p},\boldsymbol{\alpha})&=\sum_{i\in S}\Big(\sum_{k\in N:\sigma_0(k)<\sigma_0(i)}\lambda_{ki}g_{ki}+\sum_{j\in N:\sigma_0(i)<\sigma_0(j)}(1-\lambda_{ij})g_{ij}\Big)\\&\geqslant\sum_{i\in S}\Big(\sum_{k\in S:\sigma_0(k)<\sigma_0(i)}\lambda_{ki}g_{ki}+\sum_{j\in S:\sigma_0(i)<\sigma_0(j)}(1-\lambda_{ij})g_{ij}\Big)\\&=\sum_{i,j\in S:\sigma_0(i)<\sigma_0(j)}g_{ij}\\&\geqslant v(S)。\end{aligned}$$

易证当 $S=N$ 时，上式中的不等号都变为等号，即有 $\sum_{i\in N}\mathrm{GS}_i^{\lambda}(N,\sigma_0,\boldsymbol{p},\boldsymbol{\alpha})=v(N)$。所以 $\mathrm{GS}^{\lambda}(N,\sigma_0,\boldsymbol{p},\boldsymbol{\alpha})\in C(v)$，故 $\mathrm{SPC}(N,\sigma_0,\boldsymbol{p},\boldsymbol{\alpha})\subset C(v)$。

3.2.2 Shapley 值

关于单机排序局势 $(N,\sigma_0,\boldsymbol{p},\boldsymbol{\alpha})$，Curiel 等(1989)给出了单机联盟排序博弈 $\langle N,v\rangle$ 的 Shapley 值。

定理 3.6 对于排序局势 $(N,\sigma_0,\boldsymbol{p},\boldsymbol{\alpha})$，相应的单机联盟排序博弈 $\langle N,v\rangle$ 的 Shapley 值

$$\Phi_i(v)=\sum_{\sigma(k)\leqslant\sigma(i)\leqslant\sigma(j)}\frac{g_{kj}}{\sigma(j)-\sigma(k)+1},\tag{3.9}$$

其中 $i\in N$。

证明：对于任意的 $i,j\in N,\sigma_0(i)<\sigma_0(j),S\in 2^N$，令

$$v_{ij}(S)=\begin{cases}g_{ij}, & \{l\mid\sigma_0(i)\leqslant\sigma_0(l)\leqslant\sigma_0(j)\}\subseteq S\\ 0, & \text{其他}\end{cases}。$$

在初始排序 σ_0 中，对于连续联盟 S，有 $v_{ij}(S)=g_{ij}$ 当且仅当 $\{i,j\}\subseteq S$。对于不连续的联盟 T，有

$$v_{ij}(T)=\sum_{S\in T\backslash\sigma_0}v_{ij}(S)。$$

因此，对于连续联盟 S，有

$$\sum_{\sigma(k)<\sigma(i)}v_{ki}(S)=\sum_{i\in S}\sum_{k\in\{P(\sigma_0,i)\cap S\}}g_{ki}=v(S)。$$

对不连续联盟 T，有

$$\begin{aligned}\sum_{\sigma(i)<\sigma(j)}v_{ij}(T)&=\sum_{\sigma_0(i)<\sigma_0(j)}\sum_{S\in T\backslash\sigma_0}v_{ij}(S)=\sum_{S\in T\backslash\sigma_0}\sum_{\sigma_0(i)<\sigma_0(j)}v_{ij}(S)\\&=\sum_{S\in T\backslash\sigma_0}v(S)=v(T)。\end{aligned}$$

所以

$$v=\sum_{\sigma_0(k)<\sigma_0(j)}v_{kj}。$$

根据有效性、对称性和虚拟参与人性质，令

$$\Phi_i(v_{kj})=\begin{cases}\dfrac{g_{kj}}{\sigma(j)-\sigma(k)+1}, & i\in\{l\mid\sigma_0(k)\leqslant\sigma_0(l)\leqslant\sigma_0(j)\}\\ 0, & \text{其他}\end{cases},$$

根据可加性，有

$$\Phi_i(v)=\sum_{\sigma_0(k)\leqslant\sigma_0(j)}\Phi_i(v_{kj})=\sum_{\sigma_0(k)\leqslant\sigma_0(i)\leqslant\sigma_0(j)}\frac{g_{kj}}{\sigma(j)-\sigma(k)+1}。$$

对于排序局势 $(N,\sigma_0,\boldsymbol{p},\boldsymbol{\alpha})$，由式(3.9)定义的 Shapley 值将在参与人 $\{l\,|\,\sigma_0(i)\leqslant\sigma_0(l)\leqslant\sigma_0(j)\}$ 中平均分配 g_{ij}。

3.3 有就绪时间或交货期的单机联盟排序博弈

前面已经讨论了单机排序局势 $(N,\sigma_0,\boldsymbol{p},\boldsymbol{\alpha})$，以及相对应的联盟排序博弈 (N,v)。本节分别分析工件具有就绪时间或者交货期的单机联盟排序博弈。

3.3.1 r-单机联盟排序博弈

令 r_i 表示参与人 i 的就绪时间，$i\in N$，即工件 i 的最早可能加工时间。假设初始排序 σ_0 满足以下条件：

(A1)对于任意 $i,j\in N$，如果 $r_i\leqslant r_j$，则 $\sigma_0(i)<\sigma_0(j)$。

工件有就绪时间的单机排序局势表示为 $(N,\sigma_0,\boldsymbol{r},\boldsymbol{p},\boldsymbol{\alpha})$，其中 N 为参与人集合，$\sigma_0:N\rightarrow\{1,2,\cdots,n\}$ 为初始排序，$\boldsymbol{r}=(r_1,r_2,\cdots,r_n)^{\mathrm{T}}$，$\boldsymbol{p}=(p_1,p_2,\cdots,p_n)^{\mathrm{T}}$，$\boldsymbol{\alpha}=(\alpha_1,\alpha_2,\cdots,\alpha_n)^{\mathrm{T}}\in\mathbb{R}_+^n$。

在排序 σ_0 中，如果 $\sigma_0(j)=\sigma_0(i)-1$，则工件 i 的开始加工时间 $t_{\sigma_0,i}=\max\{r_i,t_{\sigma_0,j}+p_j\}$，如果 $\sigma(i)=1$，则 $t_{\sigma_0,i}=r_i$。因此，工件 i 的完工时间 $C(\sigma_0,i)=t_{\sigma_0,i}+p_i$。那么联盟 S 的加工费用为

$$C_{\sigma_0}(S)=\sum_{i\in S}\alpha C(\sigma_0,i)。$$

给定一个工件有就绪时间的排序局势 $(N,\sigma_0,\boldsymbol{r},\boldsymbol{p},\boldsymbol{\alpha})$，类似于定义 3.3，对应的单机联盟排序博弈表示为 $\langle N,v\rangle$，对任意 $S\in 2^N$，有

$$v(S)=\max_{\sigma\in\pi(S)}\left\{\sum_{i\in S}\alpha_i(C(\sigma_0,i)-C(\sigma,i))\right\}。\tag{3.10}$$

其中 $\pi(S)$ 为联盟 S 中工件的可行排序集合，注意 S 中的工件跳过 S 之外的工件进行交换是不被允许的。称式(3.10)定义的工件有就绪时间的单机联盟排序博弈为 r-单机联盟排序博弈。类似于式(3.3)，对任意的联盟 T，有

$$v(T)=\sum_{S\in T\backslash\sigma_0}v(S)。\tag{3.11}$$

其中 $T\backslash\sigma_0$ 是联盟 T 的所有极大连续子联盟的集合。

容易验证 r-单机联盟排序博弈 $\langle N,v\rangle$ 是均衡的。事实上，由式(3.11)可知，博弈 $\langle N,v\rangle$ 满足极大连续子联盟可加性，并且是超可加的，同时有 $v(\varnothing)=0$。因此该博弈是 σ-极大连续联盟可加博弈，故由定理 3.2 可知，对应于排序局势 $(N,\sigma_0,\boldsymbol{r},\boldsymbol{p},\boldsymbol{\alpha})$ 的 r-单机联盟排序博弈是均衡的。

定理 3.7 对于工件有就绪时间的排序局势 $(N,\sigma_0,\boldsymbol{r},\boldsymbol{p},\boldsymbol{\alpha})$，相应的 r-单机联盟排序博弈 $\langle N,v\rangle$ 是均衡的。

下面的例子说明了 r-单机联盟排序博弈不一定是凸博弈。

例 3.4 令 $N=\{1,2,3\}$，$\sigma_0=\{1,2,3\}$，$\boldsymbol{r}=(0,0,1)$，$\boldsymbol{p}=(1,2,3)$，$\boldsymbol{\alpha}=(1,3,12)$。初始排序的总费用 $C_{\sigma_0}(N)=1\times1+3\times3+6\times12=82$。易知最优排序为 $\hat{\sigma}=(1,3,2)$，最优费用 $C_{\hat{\sigma}}(N)=1\times1+4\times12+6\times3=67$。所以，最大节省费用 $v(N)=15$。由于 $v(\{2,3\})=15$，$v(\{1,2\})=1$，则有 $v(\{2,3\})+v(\{1,2\})=16>15=v(N)+v(\{2\})$，由式(2.1)可得博弈 $\langle N,v\rangle$ 是非凸博弈。

对于工件有就绪时间的排序局势 $(N,\sigma_0,\boldsymbol{r},\boldsymbol{p},\boldsymbol{\alpha})$，下面考虑一类满足以下条件的 r-单机联盟排序博弈：

(A2)对于任意 $i,j\in N$，如果 $\sigma_0(j)=\sigma_0(i)+1$，则 $t_{\sigma_0,j}=t_{\sigma_0,i}+p_i$。

(A3)对于任意 $i\in N$，有 $r_i\in\mathbb{R}$，$p_i=1$。

对于满足条件(A1)～(A3)的排序局势 $(N,\sigma_0,\boldsymbol{r},\boldsymbol{p},\boldsymbol{\alpha})$，有下面的结果(Hamers et al.，1995)。

定理 3.8 对于满足条件(A1)～(A3)的排序局势 $(N,\sigma_0,\boldsymbol{r},\boldsymbol{p},\boldsymbol{\alpha})$，相应的 r-单机联盟排序博弈 $\langle N,v\rangle$ 是凸博弈。

3.3.2 d-单机联盟排序博弈

现在考虑工件有交货期的单机排序局势。令 d_i 表示参与人 i 的交货期，$i\in N$，即工件 i 的最晚完工时间。假设初始排序 σ_0 满足以下条件：

(B1)对于任意 $i,j\in N$，如果 $d_i\leqslant d_j$，则 $\sigma_0(i)<\sigma_0(j)$。

类似地，工件有交货期的单机排序局势表示为 $(N,\sigma_0,\boldsymbol{d},\boldsymbol{p},\boldsymbol{\alpha})$，其中 N 是参与人集合，$\sigma_0:N\to\{1,2,\cdots,n\}$ 是初始排序，$\boldsymbol{d}=(d_1,d_2,\cdots,d_n)^{\mathrm{T}}$，$\boldsymbol{p}=(p_1,p_2,\cdots,p_n)^{\mathrm{T}}$，$\boldsymbol{\alpha}=(\alpha_1,\alpha_2,\cdots,\alpha_n)^{\mathrm{T}}\in\mathbb{R}_+^n$。

在排序 σ_0 中，工件 i 的开始加工时间和完工时间可以参见 3.1 节。本节假设任何工件在交换加工顺序后都必须按时完工。因此，称满足以下条件的排序 σ 为关于大联盟 N 的可行排序：

(B2)对于任意 $i\in N$，有 $t_{\sigma,i}+p_i\leqslant d_i$。

令 $D(S)$ 表示关于联盟 S 的可行排序集合，则 $D(N)\subseteq\pi(N)$。

给定一个工件有交货期的排序局势 $(N,\sigma_0,\boldsymbol{d},\boldsymbol{p},\boldsymbol{\alpha})$，类似于式(3.10)，对应的单机联盟排序博弈表示为 $\langle N,v\rangle$，对任意 $S\in2^N$，有

$$v(S)=\max_{\sigma\in D(S)}\left\{\sum_{i\in S}\alpha_i(C(\sigma_0,i)-C(\sigma,i))\right\}。\tag{3.12}$$

称式(3.12)定义的工件有交货期的单机联盟排序博弈为 d-单机联盟排序博弈。

容易验证满足条件(B1)和(B2)的 d-单机联盟排序博弈 $\langle N,v\rangle$ 是 σ-极大连续联盟可加博弈,因此有下面的结果。

定理 3.9 对于工件有交货期的排序局势 $(N,\sigma_0,\boldsymbol{d},\boldsymbol{p},\boldsymbol{\alpha})$,相应的 d-单机联盟排序博弈 $\langle N,v\rangle$ 是均衡的。

如果工件有交货期的排序局势 $(N,\sigma_0,\boldsymbol{d},\boldsymbol{p},\boldsymbol{\alpha})$ 还满足以下条件:

(B3)对于任意 $i\in N$,有 $d_i\in\mathbb{N}$,$p_i=1$。

即满足条件(B1)~(B3)的排序局势 $(N,\sigma_0,\boldsymbol{d},\boldsymbol{p},\boldsymbol{\alpha})$,Hamers 等(1996)证明了相应的 d-单机联盟排序博弈 $\langle N,v\rangle$ 是凸博弈。

定理 3.10 对于满足条件(B1)~(B3)的排序局势 $(N,\sigma_0,\boldsymbol{d},\boldsymbol{p},\boldsymbol{\alpha})$,相应的 d-单机联盟排序博弈 $\langle N,v\rangle$ 是凸博弈。

Hamers 等(1996)还讨论了一些其他排序指标函数的工件具有交货期的 d-单机联盟排序博弈的凸性。

3.4 多机联盟排序博弈

本节讨论多台机器环境下的联盟排序博弈。首先讨论排序指标为加权完工时间的 m 台同型机环境下的联盟排序博弈,然后考虑一类两台机器环境下的联盟排序博弈。

3.4.1 Pm-联盟排序博弈

设有 n 个参与人,每人有一个工件,所有工件在 m 台同型机上加工,每个工件可以在任何一台机器上加工,但只能被其中一台加工。这里假设所有机器在0时刻就绪,参与人 i 的工件在任何一台机器上的加工时间相同,记为 p_i。每个参与人有一个线性费用函数 $c_i(t)=\alpha_i t$,其中 $\alpha_i>0$ 是参与人 i 的费用系数,t 是工件 i 的完工时间。

令映射 $b:N\rightarrow\{1,2,\cdots,m\}\times\{1,2,\cdots,n\}$ 表示工件在哪一台机器,以及机器的什么位置加工。例如,$b(i)=(r,j)$ 表示 i 是机器 r 上第 j 个加工的工件。在后面的讨论中称这样的映射 b 为一个排序,并且把所有可行排序的集合记为 $B(N)$。

一个 m 台同型机排序局势记为 $(M,N,b_0,\boldsymbol{p},\boldsymbol{\alpha})$,其中 $M=\{1,2,\cdots,m\}$ 表示机器集合,$N=\{1,2,\cdots,n\}$ 表示参与人集合,b_0 是初始排序,$\boldsymbol{p}\in\mathbb{R}_+^n$ 是工件加工时间,$\boldsymbol{\alpha}\in\mathbb{R}_+^n$ 是参与人的费用参数。

对于任一排序 b，工件 i 的开始加工时间表示为 $t_{b,i}$，有

$$t_{b,i}=\sum_{j\in N:b(j)\prec b(i)} p_j,$$

其中 $b(j)\prec b(i)$ 表示工件 j 和 i 在同一台机器上加工（$b(j)_1=b(i)_1$），并且 j 在 i 前面加工（$b(j)_2<b(i)_2$）；工件 i 的完工时间 $C(b,i)=t_{b,i}+p_i$。那么，联盟 $S\in 2^N$ 的总加工费用

$$c_b(S)=\sum_{i\in S}\alpha_i C(b,i)。$$

每一个后来的参与人都会安排自己的工件在最早完工的机器上加工。因此，假设初始排序 b_0 满足以下条件：在任何一台机器上，最后一个加工的工件的开始加工时间都不大于其他机器的完工时间（机器完工时间等于该机器上最后一个加工的工件的完工时间）。即，对于任意 $k\in M$，有 $t_{b_0 i_k}\leqslant C(b_0,i_s)$，$s\in M$。这个条件说明对于任何一个参与人而言，如果他的工件排在某台机器上最后一个加工，那么他的任何单独行动都不会给自己带来收益。

基于初始排序 b_0，关于排序 b，S 是满足以下条件的联盟，则称排序 b 为联盟 S 的可重排排序，或称联盟 S 在初始排序 b_0 中是可重排的。

(1) 对于任意 $i,j\in S$，如果 i 和 j 在同一台机器上加工，即 $b_0(j)_1=b_0(i)_1$，且有 $\{l\mid b_0(i)_2\leqslant b_0(l)_2\leqslant b_0(j)_2\}\subset S$。

(2) 对于任意 $i,j\in S$，如果 i 和 j 不在同一台机器上加工，但 i 和 j 的后继都属于 S，即 $F(b(i),i)\subset S$，$F(b(j),j)\subset S$。这里 $b(i)$ 和 $b(j)$ 分别表示工件 i 和 j 所在的机器，$F(b(i),i)$ 和 $F(b(j),j)$ 分别表示在机器 $b(i)$ 和 $b(j)$ 上，i 之后加工的工件集合和 j 之后加工的工件集合。

记联盟 S 的可重排排序集合为 $B(S)$。对于 m 台同型机排序局势 $(M,N,b_0,\boldsymbol{p},\boldsymbol{\alpha})$，对应的 Pm-联盟排序博弈记为 $\langle N,v\rangle$，其中

$$v(S)=\max_{b\in B(S)}\left\{\sum_{i\in S}\alpha_i(C(b_0,i)-C(b,i))\right\},\tag{3.13}$$

这里 $S\in 2^N\setminus\{\varnothing\}$。

当 $m=1$ 时，$P1$-联盟排序博弈就是经典单机联盟排序博弈，因此 $P1$-联盟排序博弈是均衡的。下面的定理指出 $P2$-联盟排序博弈也是均衡的（Hamers et al.，1999）。

定理 3.11 对于两台同型机排序局势 $(M,N,b_0,\boldsymbol{p},\boldsymbol{\alpha})$，相应的 $P2$-联盟排序博弈 $\langle N,v\rangle$ 是均衡的。

证明：令 $i_1,i_2,\cdots,i_{m_1}$ 表示在机器 1 上加工的工件，使得当 $k<r$ 时，有 $b_0(i_k)\prec b_0(i_r)$。令 $i_n,i_{n-1},\cdots,i_{m_1+1}$ 表示在机器 2 上加工的工件，使得当 $k>r$ 时，有 $b_0(i_k)\prec b_0(i_r)$。构造排序 $\sigma\in\pi(N)$，其中，对于所有的 $j\in N$，

有 $\sigma(i_j)=j$。易证 $P2$-联盟排序博弈等价于 σ-极大连续联盟可加博弈，因此 $P2$-联盟排序博弈 $\langle N,v\rangle$ 是均衡博弈。 □

当 $m\geqslant 3$ 时，Pm-联盟排序博弈是否均衡的仍然未明确。但对于 $\alpha_i=1$，$i\in N$ 和 $p_i=1,i\in N$ 这两种特殊情形，Hamers 等(1999)给出了他们的均衡性证明。

定理 3.12　对于 m 台同型机排序局势 $(M,N,b_0,\boldsymbol{p},\boldsymbol{\alpha})$，当 $\alpha_i=1,i\in N$ 时，相应的 Pm-联盟排序博弈 $\langle N,v\rangle$ 是均衡的。

定理 3.13　对于 m 台同型机排序局势 $(M,N,b_0,\boldsymbol{p},\boldsymbol{\alpha})$，当 $p_i=1,i\in N$ 时，相应的 Pm-联盟排序博弈 $\langle N,v\rangle$ 是均衡的。

3.4.2　$J2$-联盟排序博弈

设有 n 个参与人，每人有两个工件，所有工件将在两台平行机上加工，机器都在 0 时刻就绪，同一个人的两个工件不允许在同一台机器上加工。参与人 i 的工件的加工时间记为 (p_i,q_i)，其中 p_i 为工件 i 在机器 1 上的加工时间，q_i 为工件 i 在机器 2 上的加工时间。

令 (σ_0,τ_0) 表示一初始排序，其中 π 和 φ 分别是在机器 1 和机器 2 上的初始排序。例如，$\sigma_0(i)=s$ 和 $\tau_0(i)=t$ 分别表示参与人 i 的工件在机器 1 上第 s 个加工，在机器 2 上第 t 个加工。所有可行排序的集合记为 $\pi(N)\times\pi(N)$。

参与人 i 的费用函数 $c_i(t)=\alpha_i t$，其中 $\alpha_i>0$ 为参与人 i 的费用系数，t 为参与人 i 的最大工件完工时间。

一个两台平行机排序局势记为 $(M,N,(\sigma_0,\tau_0),(\boldsymbol{p},\boldsymbol{q}),\boldsymbol{\alpha})$，其中 $M=\{1,2\}$ 表示机器集合，$N=\{1,2,\cdots,n\}$ 表示参与人集合，(σ_0,τ_0) 是初始排序，$\boldsymbol{p},\boldsymbol{q}\in\mathbb{R}_+^n$ 为工件加工时间，$\boldsymbol{\alpha}\in\mathbb{R}_+^n$ 为参与人的费用参数。

在排序 (σ,τ) 中，参与人 i 的工件在机器 1 上的完工时间 $C_i(\sigma)=\sum\limits_{j\in N:\sigma(j)\leqslant\sigma(i)} p_j$，在机器 2 上的完工时间 $C_i(\tau)=\sum\limits_{j\in N:\tau(j)\leqslant\tau(i)} p_j$。参与人 i 的完工时间记为

$$C_i(\sigma,\tau)=\max\{C_i(\sigma),C_i(\tau)\}。$$

对于排序 (σ,τ)，参与人的总费用

$$C_N(\sigma,\tau)=\sum_{i\in N}\alpha_i C_i(\sigma,\tau)。$$

当所有参与人的总费用最小时，称排序 $(\hat{\sigma},\hat{\tau})\in\pi(N)\times\pi(N)$ 为最优排序，即

$$C_N(\hat{\sigma},\hat{\tau})=\min_{(\sigma,\tau)\in\pi(N)\times\pi(N)} c_N(\sigma,\tau)。$$

一个联盟的最大节省费用依赖于该联盟中可重排的参与人子集。令 $S\in 2^N$，对于任意 $i,j\in S$，如果在某台机器上，参与人 i 和 j 之间的参与人仍然属

于联盟 S,那么在该台机器上参与人 i 和 j 可以交换加工顺序。给定初始排序 (σ_0,τ_0),关于排序 (σ,τ) 有以下规定:

(1) 如果对于任意 $i\in N\backslash S$,都有 $P(\sigma,i)=P(\sigma_0,i)$,则称排序 σ 为联盟 S 在机器 1 上的可重排排序,或称联盟 S 在初始排序 σ_0 中是可重排的。

(2) 如果对于任意 $i\in N\backslash S$,都有 $P(\tau,i)=P(\tau_0,i)$,则称排序 τ 为联盟 S 在机器 2 上的可重排排序,或称联盟 S 在初始排序 τ_0 中是可重排的。

令 $A^1(S)$ 和 $A^2(S)$ 分别表示联盟 S 在机器 1 和机器 2 上的可重排排序集合。$A^1(S)\times A^2(S)$ 表示联盟 S 的可重排排序集合。

对于两台平行机排序局势 $(M,N,(\sigma_0,\tau_0),(\boldsymbol{p},\boldsymbol{q}),\boldsymbol{\alpha})$,对应的 $J2$-联盟排序博弈记为 $\langle N,v\rangle$,其中

$$v(S)=\max_{(\sigma,\tau)\in A^1(S)\times A^2(S)}\sum_{i\in S}a_i(C_i(\sigma_0,\tau_0)-C_i(\sigma,\tau)),\tag{3.14}$$

这里 $S\in 2^N\backslash\{\varnothing\}$。下面的例子说明 $J2$-联盟排序博弈不一定是凸博弈。

例 3.5 考虑一个两台平行机排序局势 $(M,N,(\sigma_0,\tau_0),(\boldsymbol{p},\boldsymbol{q}),\boldsymbol{\alpha})$,其中 $N=\{1,2,\cdots,9\}$,$\boldsymbol{p}=(1,1,\cdots,1)$,$\boldsymbol{\alpha}=(1,1,\cdots,1)$,初始排序 (σ_0,τ_0) 由下表给出。

σ_0	5	6	7	1	2	3	8	9	4
τ_0	7	8	3	4	5	6	1	9	2

取 $S=\{1,3\}$,$T=\{1,3,4,5,6\}$ 和 $i=2$。对于 $S\cup\{i\}$ 的最优排序是

$\hat{\sigma}$	×	×	×	1	2	3	×	×	×
$\hat{\tau}$	×	×	3	×	×	×	1	×	2

对于 T 的最优排序是

$\hat{\sigma}$	5	6	×	1	×	3	×	×	4
$\hat{\tau}$	×	×	3	4	5	6	1	×	×

对于 $T\cup\{i\}$ 的最优排序是

$\hat{\sigma}$	5	6	×	1	2	3	×	×	4
$\hat{\tau}$	×	×	3	4	5	6	1	×	2

关于相应的 $J2$-联盟排序博弈 $\langle N, v\rangle$，有

$$v(T \cup \{i\}) - v(T) = 6 - 6 < 2 - 0 = v(S \cup \{i\}) - v(S)。$$

因此，由式(2.2)可知上述 $J2$-联盟排序博弈不是凸博弈。

当所有的加工时间和费用系数恒等于1时，Calleja 等(2002)证明该博弈是均衡的。

定理 3.14　在两台平行机排序局势 $(M, N, (\sigma_0, \tau_0), (\boldsymbol{p}, \boldsymbol{q}), \boldsymbol{\alpha})$ 中，对于 $i \in N$，有 $p_i = q_i = \alpha_i = 1$，则相应的 $J2$-联盟排序博弈 $\langle N, v\rangle$ 是均衡的。

第 4 章 两台机器的讨价还价问题

在第 3 章讨论的联盟排序博弈中，工件属于不同的参与人，多个参与人通过合作共同决定工件的加工顺序，产生最多的节省费用，然后分摊费用。然而，在现实活动中往往存在这样的情况：一个人无法独立完成一批工件的全部加工任务，于是出现了多人参与加工，共同完成所有工件加工任务的情况，即机器属于不同的生产商(manufacturer)，共同加工同一批工件。而这必须先通过协商确定这批工件的一个划分，使得相应的合作(加工)收益分配方案能够被所有参与人认可和接受。Chen 最早利用合作博弈理论把该问题建模为一个两人讨价还价问题，并得到了纳什讨价还价解(Chen，2006)。自此该类问题受到了广泛的关注，针对此类问题取得了较多研究成果(Jin et al.，2011；Gu et al.，2013a，2013b；Liu et al.，2015)。本章主要介绍两台机器的讨价还价问题的基本概念、模型建立以及一些基本两台机器的讨价还价问题的纳什讨价还价解。

4.1 引言

有两个参与人，即 $N=\{1,2\}$，每人各拥有一台机器，合作加工 n 个工件。记工件集为 $J=\{1,2,\cdots,n\}$，工件 i 的加工时间为 p_i，每个工件只需要加工一次，机器在任何时刻最多加工一个工件。参与人 i 加工一个单位时间的工件将获得 b_i 个单位收益，$i\in N$。取 J 的一个划分 X_1 和 X_2，有 $X_1\cap X_2=\varnothing$，$X_1\cup X_2=J$。不妨设参与人 i 加工 X_i 中的工件，$i\in N$。

用 $u_i(X_i)$ 表示参与人 i 的效益函数，$u_i(X_i)=b_i\sum\limits_{j\in X_i}p_j-\min f_i$，其中 f_i 为加工成本函数。这里取经典排序问题的常规排序指标函数的最小值作为生产成本。(e_1,e_2) 表示无协议点，即 e_i 是参与人 i 不参加这次合作而参与别的生产活动所能获得的最低收益，也就是参与人 i 参加这次合作的机会成本。定义合作效益函数 $v_i=u_i(X_i)-e_i$，$i\in N$。

针对上述问题，Chen(2006)考虑了两个优化目标函数的加权和形式：

$$\max_{X_1\subset J}\{r_1v_1v_2+r_2\min\{v_1^2,v_2^2\}\}。$$

其中 r_1 和 r_2 分别是 $\max\limits_{X_1\subset J}v_1v_2$ 和 $\max\limits_{X_1\subset J}\min\{v_1^2,v_2^2\}$ 的权重。通过选取不同的

权重系数向量 (r_1, r_2)，得到满足不同主观决策要求，或偏重效率或偏重公平的最优解集，合作双方在该解集的基础上通过协商确定最终的利益分配方案，该方案未必是帕累托有效的，但却是双方都能接受的。

函数 $\max\limits_{X_1 \subset J} \min\{v_1^2, v_2^2\}$ 强调合作收益分配的一种基于平均主义的公平性，即潜在收益再扣除机会成本之后的平均分配。由定理 2.3 可知，函数 $\max\limits_{X_1 \subset J} v_1 v_2$ 确定的分配方案 (v_1, v_2) 就是纳什讨价还价解，它是帕累托强有效的，它是在充分考虑能力高的一方收益情况下兼顾公平的结果。

我们主要考虑由下式确定的纳什讨价还价解：

$$\max_{X_1 \subset J} v_1 v_2 。$$

采用排序的三参数表示法，两台机器讨价还价问题可以表示为

$$G2 \,||\, v_1 v_2 / f,$$

其中 $G2$ 表示两人讨价还价问题，$v_1 v_2 / f$ 表示常规排序指标 f 作为加工成本的纳什讨价还价解。

根据成本目标函数的类型，本章后续几节将针对几类基本的两台机器的讨价还价问题展开介绍。

4.2　极小化 $L_{\max}$ 的讨价还价问题

本节讨论成本函数是最大延迟时间的讨价还价问题 $G2 \,||\, v_1 v_2 / L_{\max}$。Gu 等(2013a)证明了该问题的一般情况是 NP-难的，并且考虑了几个多项式可解的特殊情形。

在 $G2 \,||\, v_1 v_2 / L_{\max}$ 中，效益函数 $u_i(X_i) = b_i \sum\limits_{j \in X_i} p_j - \min L_{\max}^i, i \in N$。合作效益函数 $v_i(X_i) = u_i(X_i) - e_i, i \in N$。下面给出 $G2 \,||\, v_1 v_2 / L_{\max}$ 的 NP-难证明。

划分问题(PP)：给定 n 个正整数 $a_1, a_2, \cdots, a_n$，其中 $\sum\limits_{i=1}^{n} a_i = 2A$，问是否存在 $\{1, 2, \cdots, n\}$ 的一个划分 X_1 和 X_2，使得 $\sum\limits_{i \in X_1} a_i = \sum\limits_{i \in X_2} a_i = A$?

定理 4.1　两人讨价还价问题 $G2 \,||\, v_1 v_2 / L_{\max}$ 是 NP-难的。

证明：给定一个 PP 的实例 $a_1, a_2, \cdots, a_n$，构造 $G2 \,||\, v_1 v_2 / L_{\max}$ 的一个实例：$p_i = a_i, d_i = A, i = 1, 2, \cdots, n, b_1 = b_2 = 2, e_1 = e_2 = 0$。

令 $\delta = 4A^2$。现在证明 $G2 \,||\, v_1 v_2 / L_{\max}$ 的实例存在排序使得 $v_1 v_2 > \delta$ 当且仅当 PP 的实例存在一个划分。

若 PP 的实例存在一个划分，不妨设存在一个 k，有 $X_1=\{1,2,\cdots,k\}$，$X_2=\{k+1,k+2,\cdots,n\}$，且有 $\sum_{i\in X_1} a_i=A$。那么可以构造可行排序：$\langle J_1,J_2,\cdots,J_k\rangle$，这里的工件在参与人 1 的机器上加工；$\langle J_{k+1},J_{k+2},\cdots,J_n\rangle$，这里的工件在参与人 2 的机器上加工。易知上面的排序满足 $v_1v_2=\delta$。

若 $G2\,||\,v_1v_2/L_{\max}$ 的实例存在排序使得 $v_1v_2\leqslant\delta$，令 Y 表示机器 1 上所有工件的加工时间总和，则

$$\begin{aligned}v_1v_2&=[2Y-(Y-A)]\,[2(2A-Y)-(2A-Y-A)]\\&=(Y+A)(3A-Y)=-(Y-A)^2+4A^2。\end{aligned}$$

由于 $v_1v_2\geqslant\delta=4A^2$，因此 $(Y-A)^2\leqslant0$，所以有 $Y=A$。令 X_1 表示机器 1 上工件的下标集合，则有 $\sum_{i\in X_1} a_i=A$。故 PP 的实例存在一个划分。

在给出 $G2\,||\,v_1v_2/L_{\max}$ 的伪多项式时间的算法之前，先给出 $G2\,||\,v_1v_2/L_{\max}$ 的解的最优结构性质。

定理 4.2 对于问题 $G2\,||\,v_1v_2/L_{\max}$，存在一个最优排序，每个参与人的机器都按 EDD 序加工工件。

证明：当合作效益函数 $v_i(X_i)=b_i\sum_{j\in X_i}p_j-\min L^i_{\max}-e_i$ 确定了各参与人的加工任务后，即确定了每台机器上加工的工件，由 EDD 序是经典单机排序问题 $1\,||\,L_{\max}$ 的最优排序(Jackson，1955)，可知每个参与人的机器都按 EDD 序加工工件。

由定理 4.2 可知，对于问题 $G2\,||\,v_1v_2/L_{\max}$，只需考虑每台机器按 EDD 序加工工件的可行排序。假设所有工件已经按 EDD 序重新编号，即 $d_1\leqslant d_2\leqslant\cdots\leqslant d_n$。

令 $v_2(k,k_1,x_1,l_1,y_1,j_1)$ 表示考虑前 k 个工件之后参与人 2 的最大收益，此时参与人 1 的收益 $v_1(k,k_1,x_1,l_1,y_1,j_1)=b_1x_1-(y_1-d_{j1})-e_1$。令

$$I_1=I_1(k,k_1,l_1,j_1)=\begin{cases}1, & 1\leqslant l_1\leqslant k_1\leqslant k,1\leqslant l_1\leqslant j_1\leqslant k-k_1+l_1\\0, & 其他\end{cases};$$

$$I_2=I_2(k,k_1,l_1,j_1)=\begin{cases}0, & 1\leqslant l_1\leqslant k_1\leqslant k,1\leqslant l_1\leqslant j_1\leqslant k-k_1+l_1\\-M, & 其他\end{cases};$$

$$I_3=I_3(k,k_1,x_1,l_1,y_1,j_1)=\begin{cases}1, & 1=l_1=k_1\leqslant k,1=l_1\leqslant j_1=k,x_1=y_1=p_k\\0, & 其他\end{cases};$$

$$I_4=I_4(k,k_1,l_1,j_1)=\begin{cases}1, & 1\leqslant l_1=k_1\leqslant k,1<l_1\leqslant j_1=k\\0, & 其他\end{cases};$$

$$I_5=I_5(k,k_1,x_1,l_1,y_1,j_1)=\begin{cases}1, & 0=l_1=k_1=j_1<k,x_1=y_1=0\\0, & 其他\end{cases};$$

$$I_6=I_6(k-1,k_1,l_1,j_1)=\begin{cases}M, & 1\leqslant l_1\leqslant k_1\leqslant k-1,1\leqslant l_1\leqslant j_1\leqslant k-1-k_1-l_1\\-M, & 其他\end{cases};$$

$$I_7=I_7(k,k_1)=\begin{cases}1, & k_1\leqslant k-1\\0, & 其他\end{cases};$$

$$I_8=I_8(v(k,k_1,x_1,l_1,y_1,j_1))=\begin{cases}M, & v_2=-M\\-M, & 其他\end{cases}。$$

其中 M 是一个充分大的整数 $\left(M=2n\left(\max\{b_1,b_2\}\sum_{j=1}^{n}p_j+|d_n-p_{\min}|+e_2\right),\right.$ $\left.p_{\min}=\min_{1\leqslant j\leqslant n}\{p_j\}\right)$。下面给出该问题的一个伪多项式时间动态规划算法。

算法 DP1

初始条件，$0\leqslant k_1,l_1,j_1\leqslant n,0\leqslant y_1\leqslant x_1\leqslant\sum_{j=1}^{n}p_j$；

$$v_2(1,k_1,x_1,l_1,y_1,j_1)=\begin{cases}b_2p_1-(p_1-d_1)-e_2, & k_1=0,l_1=j_1=0,x_1=y_1=0\\-e_2, & k_1=1,l_1=j_1=1,x_1=y_1=p_1\\-M, & 其他\end{cases}。$$

$v_2(k,k_1,x_1,l_1,y_1,j_1)=-M$，$k_1\geqslant 1$，只要 l_1、j_1、x_1、y_1 和 x_1-y_1 中有一个小于零。

迭代函数：对于 k、k_1、l_1、$j_1=1,2,\cdots,n,0\leqslant y_1\leqslant x_1\leqslant\sum_{j=1}^{n}p_j$，

$$v_2(k,k_1,x_1,l_1,y_1,j_1)$$

$$=\max\begin{cases}I_3v_2(k-1,0,0,0,0,0)+\\I_4\max\limits_{h_1-1\leqslant k\leqslant j_1-1}v_2(k-1,k_{1-1},x_1-p_k,l_1-1,y_1-p_k,j_1)+\\I_1(1-I_3)(1-I_4)v_2(k-1,k_{1-1},x_1-p_k,l_1-1,y_1,j_1)+I_2\\I_1\min\begin{Bmatrix}I_6\\I_8v_2(k-1,k_1,x_1,l_1,y_1,j_1)\\I_7(v_2(k-1,k_1,x_1,l_1,y_1,j_1)+b_2p_k)+(1-I_7)M\\b_2(\sum\limits_{t=1}^{k}p_t-x_1)-((\sum\limits_{t=1}^{k}p_t-x_1)-d_k)-e_2\end{Bmatrix}+\\I_5\min\{v_2(k-1,0,0,0,0,0)+b_2p_k,b_2\sum\limits_{t=1}^{k}p_t-(\sum\limits_{t=1}^{k}p_t-d_k)-e_2\}+\\(1-I_5)I_2\end{cases}$$

最优值为

$$\arg\max\left\{v_1(n,k_1,x_1,l_1,y_1,j_1)v_2(n,k_1,x_1,l_1,y_1,j_1)\mid 0\leqslant k_1,l_1,j_1\leqslant n,0\leqslant y_1\leqslant x_1\leqslant\sum_{j=1}^{n}p_j\right\}。$$

下面给出本节的主要结论。

定理 4.3 问题 $G2\mid\mid v_1v_2/L_{\max}$ 可以利用算法 DP1 在 $O(n^5(\sum_{i=1}^{n}p_j)^2)$ 时间内求解。

4.3 极小化 $\sum w_jC_j$ 的讨价还价问题

本节讨论成本函数是总加权完工时间的讨价还价问题 $G2\mid\mid v_1v_2/\sum w_jC_j$。该问题的 p_j 恒等情形是 NP-难的，但一般情形存在伪多项式时间算法（Liu et al.，2015）。

对于 $G2\mid\mid v_1v_2/\sum w_jC_j$，效益函数 $u_i(X_i)=b_i\sum_{j\in X_i}p_j-\sum_{j\in X_i}w_jC_j,i\in N$。合作效益函数 $v_i(X_i)=u(X_i)-e_i,i\in N$。下面给出 $G2\mid\mid v_1v_2/\sum w_jC_j$ 的 NP-难证明。

定理 4.4 问题 $G2\mid\mid v_1v_2/\sum w_jC_j$ 即使在 $p_j=1$ 时也是 NP-难的。

证明：给定一个 PP 的实例 $a_1,a_2,\cdots,a_n$，构造 $G2\mid\mid v_1v_2/\sum w_jC_j$ 的一个实例：$p_j=1,w_j=a_j,i=1,2,\cdots,n,b_1=b_2=m(2A^2+1),e_1=e_2=0$。

令 $\delta=4m^2A^6$。现在证明 $G2\mid\mid v_1v_2/\sum w_jC_j$ 的实例存在排序使得 $v_1v_2\geqslant\delta$ 当且仅当 PP 的实例存在一个划分。

在 $G2\mid\mid v_1v_2/\sum w_jC_j$ 任意一个可行排序中，令 X_i 表示机器 i 上加工的工件下标集合，$i\in N$。有

$$\begin{aligned}v_1&=b_1\sum_{j\in X_1}w_j-\sum_{j\in X_1}w_jC_j-e_1=\sum_{j\in X_1}a_j(b_1-C_j)\\&\geqslant\sum_{j\in X_1}a_j[m(2A^2+1)-m]=2mA^2\sum_{j\in X_1}a_j,\\v_2&=b_2\sum_{j\in X_2}w_j-\sum_{j\in X_2}w_jC_j-e_2=\sum_{j\in X_2}a_j(b_2-C_j)\\&\geqslant\sum_{j\in X_2}a_j[m(2A^2+1)-m]=2mA^2\sum_{j\in X_2}a_j。\end{aligned}$$

如果 PP 的实例有解 X_1 和 X_2，$\sum_{j\in X_1} a_j = A$，$\sum_{j\in X_2} a_j = A$，则 $v_1v_2 = 4m^2A^6$。

如果 $G2 \mid\mid v_1v_2/\sum w_jC_j$ 有解，使得 $v_1v_2 \geqslant 4m^2A^6$，令

$$\sum_{j\in X_1} a_j = A + a,\ \sum_{j\in X_2} a_j = A - a\ ,$$

其中 $0 \leqslant |a| < A$。有

$$v_1v_2 = \sum_{j\in X_1} a_j(b_1 - C_j)\sum_{j\in X_2} a_j(b_2 - C_j) \leqslant b_1b_2\sum_{j\in X_1} a_j\sum_{j\in X_2} a_j$$

$$= m^2(2A^2 + a)^2(A^2 - a^2)。$$

若 $|a| \geqslant 1$，则有

$$v_1v_2 \leqslant m^2(2A^2 + 1)^2(A^2 - 1) = m^2(4A^4 + 4A^2 + 1)(A^2 - 1)$$

$$= m^2(4A^6 - 3A^2 - 1) < 4m^2A^6。$$

矛盾。因此，$a = 0$，所以 PP 的实例存在一个划分 X_1 和 X_2，$\sum_{j\in X_1} a_j = A$。□

对经典单机排序问题 $1 \mid\mid \sum w_jC_j$ 的 WSPT 最优排序性质(Smith，1956)进行推广，可以得到问题 $G2 \mid\mid v_1v_2/\sum w_jC_j$ 的一个最优排序结构性质。

定理 4.5　对于问题 $G2 \mid\mid v_1v_2/\sum w_jC_j$，存在一个最优排序，每个参与人的机器都按 WSPT 序加工工件。

由定理 4.5 可知，对于问题 $G2 \mid\mid v_1v_2/\sum w_jC_j$，只需考虑每台机器按 WSPT 序加工工件的可行排序。假设所有工件已经按 WSPT 序重新编号，即 $\frac{w_1}{p_1} \leqslant \frac{w_2}{p_2} \leqslant \cdots \leqslant \frac{w_n}{p_n}$。下面给出 $G2 \mid\mid v_1v_2/\sum w_jC_j$ 的伪多项式时间的动态规划算法。

令 $F(k, P, \mathrm{WP}_1, \mathrm{WP}_2, \mathrm{WC}_1, \mathrm{WC}_2)$ 表示关于工件集 $\{J_1, J_2, \cdots, J_k\}$ 的最大纳什积。其中 P 为机器 1 上总的工件加工时间长度，那么在机器 2 上的总加工时间长度为 $\sum_{j=1}^{k} p_j - P$；WP_i 表示机器 i 上加权加工时间和；WC_i 表示机器 i 上加权完工时间和。

算法 DP2

初始条件

$$F(0, P, \mathrm{WP}_1, \mathrm{WP}_2, \mathrm{WC}_1, \mathrm{WC}_2) = \begin{cases} 0, & P = \mathrm{WP}_1 = \mathrm{WP}_2 = \mathrm{WC}_1 = \mathrm{WC}_2 = 0 \\ -\infty, & \text{其他} \end{cases}。$$

迭代函数：对于 $k=1,2,\cdots,n;P=0,1,2,\cdots,\sum_{j=1}^{n}p_j$，有

$$F(k,P,\mathrm{WP}_1,\mathrm{WP}_2,\mathrm{WC}_1,\mathrm{WC}_2)$$
$$=\begin{cases}F(k-1,P-p_k,\mathrm{WP}_1-w_kp_k,\mathrm{WP}_2,\mathrm{WC}_1-w_kP,\mathrm{WC}_2)+\\ \quad(b_1w_kp_k-w_kP)(b_2\mathrm{WP}_2-\mathrm{WC}_2-e_2)\\ F\left(k-1,P,\mathrm{WP}_1,\mathrm{WP}_2-w_kp_k,\mathrm{WC}_1,\mathrm{WC}_2-w_k\left(\sum_{j=1}^{k}p_j-P\right)\right)+\\ \quad(b_1\mathrm{WP}_1-\mathrm{WC}_1-e_1)\left(b_2w_kp_k-w_k\left(\sum_{j=1}^{k}p_j-P\right)\right)\end{cases}。$$

最优值为

$$\max\left\{F(n,P,\mathrm{WP}_1,\mathrm{WP}_2,\mathrm{WC}_1,\mathrm{WC}_2)\;\middle|\;\begin{array}{l}0\leqslant P\leqslant\sum_{j=1}^{n}p_j\\ 0\leqslant \mathrm{WP}_1,\mathrm{WP}_2\leqslant \mathrm{WP}\\ 0\leqslant \mathrm{WC}_1,\mathrm{WC}_2\leqslant \mathrm{WC}\end{array}\right\}。$$

其中 WP 表示总工件加权加工时间和，WC 表示总工件加权完工时间和。

定理 4.6 问题 $G2\ ||\ v_1v_2/\sum w_jC_j$ 可以由算法 DP2 在 $O\left(n\sum_{j=1}^{n}p_j(\mathrm{WP})^2(\mathrm{WC})^2\right)$ 时间内求解。

4.4 极小化 $\sum w_jU_j$ 的讨价还价问题

本节讨论成本函数是总加权误工数的讨价还价问题 $G2\ ||\ v_1v_2/\sum w_jU_j$。该问题的权重恒等情形是 NP-难的，一般情形存在伪多项式时间算法（Liu et al.，2015）。

对于 $G2\ ||\ v_1v_2/\sum w_jU_j$，效益函数 $u_i(X_i)=b_i\sum_{j\in X_i}p_j-\sum_{j\in X_i}w_jU_j$，$i\in N$，合作效益函数 $v_i(X_i)=u_i(X_i)-e_i,i\in N$。下面给出 $G2\ ||\ v_1v_2/\sum w_jU_j$ 的 NP-难的证明。

定理 4.7 两人讨价还价问题 $G2\ ||\ v_1v_2/\sum w_jU_j$ 是 NP-难的。

证明：给定一个 PP 的实例 $a_1,a_2,\cdots,a_n$，构造 $G2\ ||\ v_1v_2/\sum w_jU_j$ 的一个实例：$p_i=a_i,d_i=2A,i=1,2,\cdots,n;b_1=b_2=1,e_1=e_2=0$。

令 $\delta = A^2$。现在证明 $G2 \mid\mid v_1 v_2 / \sum w_j U_j$ 的实例存在排序使得 $v_1 v_2 \leqslant \delta$ 当且仅当 PP 的实例存在一个划分。

如果 $G2 \mid\mid v_1 v_2 / \sum w_j U_j$ 的实例存在排序使得 $v_1 v_2 \leqslant \delta$，令 X_i 表示机器 i 上加工的工件下标集合，$i \in N$，易证当任何一对工件之间机器无空闲时，所有工件都能够按时完工。因此

$$v_1 = b_1 \sum_{j \in X_1} p_j - \sum_{j \in X_1} U_j - e_1 = \sum_{j \in X_1} a_j,$$

$$v_2 = b_2 \sum_{j \in X_2} p_j - \sum_{j \in X_2} U_j - e_1 = \sum_{j \in X_2} a_j。$$

令 $\sum_{j \in X_1} a_j = A + a$，$\sum_{j \in X_2} a_j = A - a$，其中 $0 \leqslant |a| \leqslant A$，有

$$v_1 v_2 = (A + a)(A - a) = A^2 - a^2。$$

由上式可得，当且仅当 $a = 0$，即 PP 的实例存在一个划分 $\sum_{j \in X_1} a_j = A$ 时，有 $v_1 v_2 = A^2$。 □

关于问题 $G2 \mid\mid v_1 v_2 / \sum w_j U_j$，有下面的最优结构性质。

定理 4.8　对于问题 $G2 \mid\mid v_1 v_2 / \sum w_j U_j$，存在一个最优排序，每个参与人的机器都按 EDD 序加工工件。

第5章　两代理排序的公平定价问题

两代理单机排序最早是由 Agnetis 等(2004)和 Baker 等(2003)分别提出并研究的,其中每个代理都有各自需要优化的目标函数。在两代理排序模型中,目标往往是使得系统的效用达到最优。例如,极小化总加权目标函数;在一个代理目标函数不超过一个给定值的约束下,极小化另一个代理目标函数。然而无论哪一种系统最优解,对于某个代理而言,不一定是能够接受的。故在多代理竞争有限资源的优化问题中,一个公平的资源配置方案就显得尤为重要。本章介绍一类新型的排序博弈问题——两代理排序中的公平定价问题。

5.1　引言

两代理排序中的公平定价问题是近几年才出现的一类排序博弈问题,其中涉及的公平问题出现在许多应用中,在经济学、运筹学和数学等不同的领域都有研究。公平定价(price of fairness, PoF)的概念由 Bertismas 等(2011)首次提出,他们尝试量化公平分配与最优分配相比系统效用的损失,并在比例公平(Kelly et al., 1998)和最大最小公平的公平标准下,给出资源分配问题 PoF 值的严格下界。在研究公平问题时,另一个经常使用的公平概念有 Kalai-Smorodinsky 公平(Kalai, Smorodinsky, 1975),简称 KS 公平。此后,关于若干领域的公平问题得到了学者们的广泛研究。Agnetis 等(2019)第一次考虑了两代理单机排序中的公平定价问题。在他们的工作中,第一个代理的目标是极小化总完工时间,第二个代理的目标是极小化最大延迟,并假设第二个代理的工件有一个公共的交货期。他们证明了 KS 公平解可以在线性时间内找到,其中 m 是第一个代理的工件个数,并且 PoF 的值为 $\frac{2}{3}$。他们还刻画了比例公平解存在的条件,并证明了比例公平解存在与否可以在线性时间内得到验证,如果存在的话,PoF 的值为 $\frac{1}{2}$。对于两个代理均是极小化总完工时间的问题,证明了计算 KS 公平解是 NP-难的。Zhang 等(2020)研究了极小化总完工时间的两代理单机排序中的公平定价问题,考虑了其中的一个代理只有两个工件的情形。他们证明了所有的 KS 公平排序是可以在线性时间内找到的，并且证明了 PoF 值为 $\frac{1}{2}$。张新功等(2021)研究了第一个代理是极小化加权误工工件数，第二个代理是极小化最大费用函数的 KS 公平定价问题，给出了一般情况下 KS 公平定价的结构性质和紧界分析，推广了已有文献的结果。

下面给出两代理排序中的公平定价问题的一些概念和定义。

有两个代理 A 和 B，它们分别拥有自己的工件集 $J^A=\{J_1^A,J_2^A,\cdots,J_{n^A}^A\}$ 和 $J^B=\{J_1^B,J_2^B,\cdots,J_{n^B}^B\}$，所有工件将在一台机器上加工，工件 J_j^i 的加工时间为 p_j^i，$i=\mathrm{A},\mathrm{B}$，$j=1,2,\cdots,n^i$。

给定一个可行排序 σ，令 $f^A(\sigma)$ 和 $f^B(\sigma)$ 分别表示代理 A 和 B 的费用函数，这里的费用函数 $f^i(\sigma)$ $(i=\mathrm{A},\mathrm{B})$ 是正则的，即 $f^i(\sigma)$ 是工件完工时间的非减函数。如果对于排序 σ 和 σ'，有 $f^i(\sigma)=f^i(\sigma')$，$i=\mathrm{A},\mathrm{B}$，那么称 σ 和 σ' 是等价的，以后将不再区分讨论等价排序。一个排序 σ^0 是帕累托最优的，即不存在可行排序 σ，使得 $f^i(\sigma)\leqslant f^i(\sigma^0)$ $(i=\mathrm{A},\mathrm{B})$ 且至少有一个是严格不等式，简称 σ^0 是帕累托排序。令 Σ 和 Σ_P 分别表示所有可行排序和帕累托排序组成的集合。

定义 5.1　对于任意排序 $\sigma\in\Sigma_P$，代理效用 $u^i(\sigma)$ 是指代理 i 的最大费用与 σ 的费用之差，则

$$u^i(\sigma)=f_\infty^i-f^i(\sigma),i=\mathrm{A},\mathrm{B}。\tag{5.1}$$

其中 $f_\infty^i=\max\{f^i(\sigma):\sigma\in\Sigma_P\}$。

注意效用 $u^i(\sigma)\geqslant 0$，当 $f^i(\sigma)$ 递减时 $u^i(\sigma)$ 递增，事实上，代理效用 $u^i(\sigma)$ 表示排序 σ 的最大节省费用。一般情况下，系统的效用定义为各代理效用之和，如果考虑到各个代理目标函数的差异性，例如，一个代理的目标函数是极小化总工件完工时间和，另一个代理的目标函数是极小化最大工件完工时间，需要考虑一个更加一般的系统效用函数，加权代理效用和。

定义 5.2　对于任意排序 $\sigma\in\Sigma_P$ 和给定的 $\alpha>0$，系统效用 $U(\sigma)$ 为

$$U(\sigma)=u^A(\sigma)+\alpha u^B(\sigma)。\tag{5.2}$$

令 σ^* 表示使系统效用达到最优的排序，简称系统最优排序，那么最优系统效用

$$U(\sigma^*)=\max_{\sigma\in\Sigma_P}\{U(\sigma)\}。\tag{5.3}$$

两代理排序中的公平定价问题的主要研究内容是比较公平排序与系统最优排序的系统效用。

令 f^{i^*} 表示代理 i 的最优费用，即 $f^{i^*}=\min\{f^i(\sigma):\sigma\in\Sigma_P\}$。对于任意 $\sigma\in\Sigma_P$，令

$$\bar{u}^i(\sigma)=\frac{u^i(\sigma)}{f_{\infty}^i-f^{i^*}} \tag{5.4}$$

表示代理 i 的标准化效用。

定义 5.3 如果一个排序 σ_{KS} 满足

$$\sigma_{\mathrm{KS}}=\underset{\sigma\in\Sigma_{\mathrm{P}}}{\operatorname{argmax}}\min_{i=\mathrm{A},\mathrm{B}}\{\bar{u}^i(\sigma)\}, \tag{5.5}$$

则称 σ_{KS} 为 KS 公平排序。

令 Σ_{KS} 表示所有 KS 公平排序组成的集合，则 $\Sigma_{\mathrm{KS}}=\{\sigma_{\mathrm{KS}}:\sigma_{\mathrm{KS}}=\underset{\sigma\in\Sigma_{\mathrm{P}}}{\operatorname{argmax}}\min_{i=\mathrm{A},\mathrm{B}}\{\bar{u}^i(\sigma)\}\}$，易知集合 Σ_{KS} 总是非空的。

定义 5.4 对于任意排序 $\sigma\in\Sigma_{\mathrm{P}}$，如果存在一个排序 σ_{PF} 满足

$$\frac{u^{\mathrm{A}}(\sigma)-u^{\mathrm{A}}(\sigma_{\mathrm{PF}})}{u^{\mathrm{A}}(\sigma_{\mathrm{PF}})}+\frac{u^{\mathrm{B}}(\sigma)-u^{\mathrm{B}}(\sigma_{\mathrm{PF}})}{u^{\mathrm{B}}(\sigma_{\mathrm{PF}})}\leqslant 0, \tag{5.6}$$

则称 σ_{PF} 为比例公平排序。

由比例公平排序 σ_{PF} 到任意排序 σ，一个代理可能获得的相对利益是以另一个代理的更大的相对效用减少为代价的。

对于两代理排序问题，令 Γ 表示该问题所有实例的集合。给定一个实例 $I\in\Gamma$，令 $\sigma^*(I)$ 和 $\Sigma_{\mathrm{F}}(I)$ 分别表示实例 I 的一个系统最优排序和公平排序集合。接下来，考虑为了得到一个公平排序，相对于系统最优，决策者必须放弃多少系统效用。注意，实例 I 可能存在多个公平排序(即，$|\Sigma_{\mathrm{F}}(I)|>1$)，每个公平排序在全局利用率方面有所不同。因此，有人可能会质疑，系统效用的损失是否应该根据最优或最差的公平排序来衡量？实际上，公平的概念通常是由一个超级合作伙伴调解并执行的，他用一些系统效用来换取公平，在这方面，调解人选择最优排序似乎是合理的。这种观点也被其他的研究人员所采用，如 Karsu 和 Morton(2015)以及 Naldi 等(2018)，其中公平排序由第三方或全局决策者通过考虑代理效用(即各代理的满意度)和整个系统效用后选择。

因此，通过适当修改 Bertismas 等(2011)的定义，Agnetis 等(2019)将公平的代价定义如下。

定义 5.5 对于任意实例 $I\in\Gamma$，定义公平的代价为

$$\mathrm{PoF}=\sup_{I\in\Gamma}\min_{\sigma_{\mathrm{F}}\in\Sigma_{\mathrm{F}}}\left\{\frac{U(\sigma^*(I))-U(\sigma_{\mathrm{F}}(I))}{U(\sigma^*(I))}\right\}。 \tag{5.7}$$

研究公平的代价的问题简称为公平定价问题，以后也称公平的代价为公平定价。如果将公平定价定义式(5.7)中的公平排序 σ_{F} 替换为纳什均衡排序(Anshelevich et al.，2004)，那么上面的公平定价类似于稳定代价(price of stability)。令 $\mathrm{PoF}_{\mathrm{KS}}$ 和 $\mathrm{PoF}_{\mathrm{PF}}$ 分别表示 KS 公平和比例公平概念下的公平定

价，本章主要讨论两代理排序问题中的 $\mathrm{PoF}_{\mathrm{KS}}$ 和 $\mathrm{PoF}_{\mathrm{PF}}$ 值。

5.2　极小化 $\left(\sum C_j^{\mathrm{A}}, T_{\max}^{\mathrm{B}}\right)$ 的公平定价问题

本节讨论代理 A 极小化总完工时间、代理 B 极小化最大延误的单机排序问题 $1|d_j^{\mathrm{B}}=d|\left(\sum C_j^{\mathrm{A}}, T_{\max}^{\mathrm{B}}\right)$，其中代理 B 有一个公共交货期 d。当 $d=0$ 时，该问题等价于 $1||\left(\sum C_j^{\mathrm{A}}, T_{\max}^{\mathrm{B}}\right)$。

注意到，代理 B 的目标函数 $T_{\max}^{\mathrm{B}}$ 只与其最大工件完工时间有关，所以在任意排序 $\sigma \in \Sigma_{\mathrm{P}}$ 中，所有代理 B 的工件都是连续加工的。因此，假设代理 B 只有一个工件，记其加工时间为 K。假设代理 A 的工件加工时间为 $p_1, p_2, \cdots, p_m$。用 A-工件和 B-工件分别表示代理 A 和 B 的工件，在本节中，符号 p_j 既表示第 j 个 A-工件又表示该工件的加工时间，类似地，K 既表示 B-工件又表示该工件的加工时间。

代理 A 的目标函数为 $\sum C_j^{\mathrm{A}}$，易证在任意帕累托排序中，A-工件是按 SPT 序加工的。因此，假设所有的 A-工件已经按 SPT 序编号，即 $p_1 \leqslant p_2 \leqslant \cdots \leqslant p_m$，并记 $P=\sum_{j=1}^{m} p_j$。既然在任意帕累托排序中，所有 A-工件按 SPT 序加工，那么记在 B-工件 K 之后有 l 个 A-工件加工的排序为 σ_l。令 P_l 表示排序 σ_l 中工件 K 之后所有 A-工件的加工时间之和，即

$$P_l=\sum_{j=m-l+1}^{m} p_j,$$

因此 $P=P_m$。

当 $K \leqslant d$ 时，至少存在一个 $l \in \{0,1,2,\cdots,m\}$，使得在 σ_l 中，B-工件 K 的完工时间不超过 d，即工件 K 是按时完工的。令 l_d 表示在这些 l 中最小的那个，注意当 $K \leqslant d$ 时，在 σ_l 中工件 K 是不能按时完工的，因此

$$l_d=\begin{cases}\min\left\{l: \sum_{j=1}^{m-l} p_j+K \leqslant d\right\}, & K \leqslant d \\ m, & K>d\end{cases}。\tag{5.8}$$

由 l_d 的定义可知，在 σ_l 中，工件 K 按时完工当且仅当 $K \leqslant d$ 且 $l \geqslant l_d$，即

$$P_l \geqslant P+K-d \xleftrightarrow{K \leqslant d} l \leqslant l_d。\tag{5.9}$$

事实上，在关于代理 B 最好的帕累托排序中，工件 K 之前的 A-工件个数是 $m-l_d$。

例 5.1　对于问题 $1|d_j^{\mathrm{B}}=d|\left(\sum C_j^{\mathrm{A}}, T_{\max}^{\mathrm{B}}\right)$，考虑下面的实例。代理 A 有 $m=9$ 个工件，$p_j=3,4,5,7,8,16,26,88,130$，所以 $P=287$。B-工件加工时

间 $K=33$，交货期 $d=43$。因为 $p_1+p_2+K=40\leqslant d$，$p_1+p_2+p_3+K=45>d$，所以 $l_d=7$。因此，$P_{l_d}=\sum_{l=3}^{9}p_l=280$，$P+K-d=277$。在所有的帕累托排序中，$\sigma_0$ 是对于代理 A 的最优排序，对于代理 B 的最坏排序；σ_{l_d} 是对于代理 B 的最优排序，对于代理 A 的最坏排序。即 $\bar{u}^{\mathrm{A}}(\sigma_0)=\bar{u}^{\mathrm{B}}(\sigma_{l_d})=1$，$\bar{u}^{\mathrm{A}}(\sigma_{l_d})=\bar{u}^{\mathrm{B}}(\sigma_0)=0$。

在例 5.1 中令 $d=30$，那么 $l_d=m$，对应的 σ_m 如图 5-1 所示。

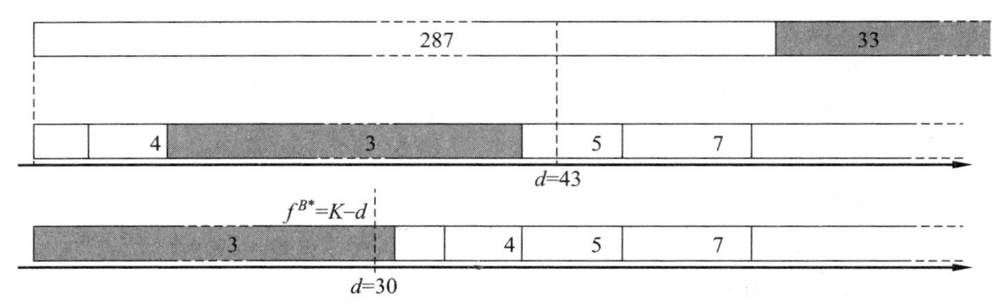

图 5-1 例 5.1 的排序 σ_0、σ_{l_d} 和 σ_m

如果 $l_d=0$，则 σ_0 对于每一个代理都达到了最大效用，因此它是一个平凡的公平排序，在任何公平概念下，都有 PoF=0。不失一般性，假设 $1\leqslant l_d\leqslant m$，则有 $P+K-d>0$。

为简单起见，令 $f^i(l)$、$u^i(l)$、$\bar{u}^i(l)$ 和 $U(l)$ 分别表示 $f^i(\sigma_l)$、$u^i(\sigma_l)$、$\bar{u}^i(\sigma_l)$ 和 $U(\sigma_l)$，$i=\mathrm{A,B}$。对于 $k\leqslant d$ 和 $k>d$ 两种情况，表 5-1 给出了帕累托排序 σ_l 的费用和效用值。注意，对于 $k\leqslant d$，当 $l<l_d$ 时，$f^{\mathrm{B}}(l)=P-P_l+K-d>0$；当 $l=l_d$ 时，$f^{\mathrm{B}}(l)=0$。所以

$$U(l)=K(l_d-l)+\alpha\min\{P_l,P+K-d\}。\tag{5.10}$$

表 5-1 排序 $\boldsymbol{\sigma}_l$ 的费用函数和效用函数

费用函数和效用函数	代理 A	代理 B	
		$k\leqslant d$	$k>d$
f^{i*}	$\sum_{j=1}^{m}\sum_{r=1}^{j}P_r$	0	$K-d$
f^i_∞	$f^{\mathrm{A}^*}+Kl_d$	$P+K-d$	$P+K-d$
$f^i(l)$	$f^{\mathrm{A}^*}+Kl$	$\max\{0,P-P_l+K-d\}$	$P-P_l+K$
$u^i(e)$	$K(l_d-l)$	$\min\{P_l,P+K-d\}$	P_l
$\bar{u}^i(e)$	$(l_d-l)/l_d$	$\min\{P_l,P+K-d\}/(P+K-d)$	P_l/P

当 l 由 0 变为 l_d 时，标准效用 $\bar{u}^{A}(\sigma)$ 由 1 线性递减到 0。构造线性函数 $\bar{u}^{A}(x)=1-x/l_d, x\in[0,l_d]$。当 x 取整数值时，$\bar{u}^{A}(x)$ 与 $\bar{u}^{A}(\sigma)$ 是一致的。另外，当 l 由 0 变为 l_d 时，$\bar{u}^{B}(\sigma)$ 由 0 变为 1。连接点 $(l,\bar{u}^{B}(\sigma_l))$，$l=0,1,2,\cdots,l_d$，得到一条分段线性的曲线，记为 $\bar{u}^{B}(x)$。由于 $p_{m-l_d}\leqslant p_{m-l_d+1}\leqslant\cdots\leqslant p_m$，所以曲线 $\bar{u}^{B}(x)$ 是凹的，并且除了两个端点外，该曲线在直线 x/l_d 上方。如果最长的 l_d 个 A-工件大小相同，即 $p_{m-l_d}=p_{m-l_d+1}=\cdots=p_m$，则 $\bar{u}(x)=x/l_d$。

下面讨论 KS 公平意义下，$1|d_j^{B}=d|\left(\sum C_j^{A}, T_{\max}^{B}\right)$ 的公平定价问题。

首先考查 KS 公平排序 $\sigma_{KS}\in\Sigma_P$ 的结构特征。当 $l_d=1$ 时，帕累托集 Σ_P 只包含 σ_0 和 σ_1。这两个排序对于其中一个代理标准效用为 1，对另一个代理则为 0，且其中一个是最优系统效用排序，记这个排序为 σ_{KS}，此时 $\mathrm{PoF}_{KS}=0$。在这种情况下，KS 公平失去意义，因此，在考虑 KS 公平排序时，假设 $l_d\geqslant 2$。

令 l_{KS} 表示排序 $\sigma_{l_{KS}}$ 的下标，这里 $\sigma_{l_{KS}}=\sigma_{KS}$。记 $\bar{u}^{A}(x)$ 与 $\bar{u}^{B}(x)$ 的交点为 x_{KS}。由 KS 公平的定义，如果 x_{KS} 是整数，那么 $l_{KS}=x_{KS}$；否则，

$$l_{KS}=\begin{cases}\lfloor x_{KS}\rfloor, & \min\{\bar{u}^{A}(\lfloor x_{KS}\rfloor),\bar{u}^{B}(\lfloor x_{KS}\rfloor)\}\geqslant\min\{\bar{u}^{A}(\lceil x_{KS}\rceil),\bar{u}^{B}(\lceil x_{KS}\rceil)\}\\ \lceil x_{KS}\rceil, & \min\{\bar{u}^{A}(\lfloor x_{KS}\rfloor),\bar{u}^{B}(\lfloor x_{KS}\rfloor)\}\leqslant\min\{\bar{u}^{A}(\lceil x_{KS}\rceil),\bar{u}^{B}(\lceil x_{KS}\rceil)\}\end{cases}。\tag{5.11}$$

因为 $\bar{u}^{B}(x)$ 是凹的，所以交点 $x_{KS}\leqslant l_d/2$。如果令 $\bar{l}=\min\{l:\bar{u}^{A}(l)\leqslant\bar{u}^{B}(l)\}$，则有 $l_{KS}\in\{\bar{l}-1,\bar{l}\}$。由 $\bar{u}^{A}(\cdot)$ 和 $\bar{u}^{B}(\cdot)$ 的单调性可知，$\bar{l}(l_{KS})$ 的值可以通过在 $[2,\lfloor l_d/2\rfloor]$ 范围内的二进制搜索得到。

定理 5.1　对于问题 $1|d_j^{B}=d|\left(\sum C_j^{A}, T_{\max}^{B}\right)$，KS 公平排序可以在 $O(\log m)$ 时间内得到。

现在讨论公平的代价 PoF_{KS} 的界以及这些界的紧性。

引理 5.1　如果 l_d 是偶数，则 $\bar{u}^{B}(l_{KS})\geqslant 1/2$。

证明：因为交点 $x_{KS}\leqslant l_d/2$，$l_d/2$ 是整数，所以 $\lceil x_{KS}\rceil\leqslant l_d/2$。由 $\bar{u}^{A}(\cdot)$ 是线性递减的，$\bar{u}^{B}(\cdot)$ 是凹的且递增，得

$$\bar{u}^{B}(\lceil x_{KS}\rceil)>\bar{u}^{A}(\lceil x_{KS}\rceil)\geqslant\bar{u}^{A}(l_d/2)=1/2,$$

如果 $\bar{u}^{B}(\lfloor x_{KS}\rfloor)\geqslant 1/2$，结论得证；如果 $\bar{u}^{B}(\lfloor x_{KS}\rfloor)<1/2$，由式(5.11)取 $l_{KS}=\lceil x_{KS}\rceil$，得 $\bar{u}^{B}(l_{KS})\geqslant 1/2$。 □

引理 5.2　对于任意 $l_d\geqslant 2$，有 $l_{KS}\leqslant l_d/2$。

证明：下面分 $\lceil x_{KS}\rceil\leqslant l_d/2$ 与 $\lceil x_{KS}\rceil>l_d/2$ 两种情况讨论。当 $\lceil x_{KS}\rceil\leqslant l_d/2$ 时，因为 $l_{KS}\in\{\lfloor x_{KS}\rfloor,\lceil x_{KS}\rceil\}$，所以 $l_{KS}\leqslant l_d/2$；当 $\lceil x_{KS}\rceil>l_d/2$ 时(由

引理 5.1 的证明知 l_d 必为奇数)，因为 $\bar{u}^{\mathrm{B}}(x)$ 是凹的，有

$$\bar{u}^{\mathrm{A}}(\lfloor l_d/2\rfloor) > \bar{u}^{\mathrm{B}}(\lfloor l_d/2\rfloor) \geqslant \bar{u}^{\mathrm{A}}(l_d/2)$$

和

$$\bar{u}^{\mathrm{B}}(\lceil l_d/2\rceil) \geqslant \bar{u}^{\mathrm{A}}(\lceil l_d/2\rceil),$$

所以 $l_{\mathrm{KS}} = \lfloor l_d/2\rfloor = \lfloor x_{\mathrm{KS}}\rfloor$，故 $l_{\mathrm{KS}} \leqslant l_d/2$。 □

引理 5.3 如果 $\bar{u}^{\mathrm{B}}(l_{\mathrm{KS}}) < 1/2$，则 $l_{\mathrm{KS}} = \lfloor l_d/2\rfloor$。

证明：用反证法，由引理 5.2，假设 $l_{\mathrm{KS}} < \lfloor l_d/2\rfloor$。因为 $\bar{u}^{\mathrm{A}}(\cdot)$ 是递减的，$\bar{u}^{\mathrm{A}}(l_{\mathrm{KS}}) \geqslant 1/2$，所以 $\bar{u}^{\mathrm{A}}(l_{\mathrm{KS}}) \geqslant \bar{u}^{\mathrm{B}}(l_{\mathrm{KS}})$。下面分两种情形讨论。

情形 1：$\bar{u}^{\mathrm{B}}(\lfloor l_d/2\rfloor) \geqslant \bar{u}^{\mathrm{A}}(\lfloor l_d/2\rfloor)$，因为 $\bar{u}^{\mathrm{A}}(\lfloor l_d/2\rfloor) \geqslant 1/2$ 与 $\bar{u}^{\mathrm{B}}(l_{\mathrm{KS}}) < 1/2$，则有 $\min\{\bar{u}^{\mathrm{A}}(\lfloor l_d/2\rfloor), \bar{u}^{\mathrm{B}}(\lfloor l_d/2\rfloor)\} = \bar{u}^{\mathrm{A}}(l_d/2) > \bar{u}^{\mathrm{B}}(l_{\mathrm{KS}})$，此结论与 $\sigma_{l_{\mathrm{KS}}}$ 是 KS 公平的矛盾。

情形 2：因为 $\bar{u}^{\mathrm{B}}(\lfloor l_d/2\rfloor) \leqslant \bar{u}^{\mathrm{A}}(\lfloor l_d/2\rfloor)$，则有 $\min\{\bar{u}^{\mathrm{A}}(\lfloor l_d/2\rfloor), \bar{u}^{\mathrm{B}}(\lfloor l_d/2\rfloor)\} = \bar{u}^{\mathrm{B}}(l_d/2)$，又由 $\bar{u}^{\mathrm{B}}(\cdot)$ 是递增的，$\bar{u}^{\mathrm{B}}(\lfloor l_d/2\rfloor) > \bar{u}^{\mathrm{B}}(l_{\mathrm{KS}})$，此结论与 $\sigma_{l_{\mathrm{KS}}}$ 是 KS 公平的矛盾。 □

定理 5.2 如果 l_d 是偶数，则 $(U(\sigma^*) - U(\sigma_{\mathrm{KS}}))/U(\sigma^*) \leqslant 1/2$；如果 $l_d \geqslant 3$ 是奇数，则 $(U(\sigma^*) - U(\sigma_{\mathrm{KS}}))/U(\sigma^*) \leqslant (l_d+1)/(2l_d)$。

证明：只需证明下面的结论成立：对于 $0 \leqslant l \leqslant l_d$，$2 \leqslant l_d \leqslant m$，

$$\frac{U(l_{\mathrm{KS}})}{U(l)} \geqslant \begin{cases} 1/2, & l_d \text{ 为偶数} \\ (l_d-1)/2l_d & l_d \text{ 为奇数} \end{cases} \tag{5.12}$$

首先考虑 $K \leqslant d$ 的情形。注意 $1/2 \geqslant (l_d-1)/2l_d$，下面证明式(5.12)中的第一个不等式对于任意的 l_d 且在

$$\bar{u}^{\mathrm{B}}(l_{\mathrm{KS}}) \geqslant 1/2 \tag{5.13}$$

时成立。

由引理 5.1 知不等式(5.13)在 l_d 为偶数时成立。由引理 5.2 知 $l_d \geqslant 2$ 时，有 $l_{\mathrm{KS}} < l_d$，所以 $u^{\mathrm{B}}(l_{\mathrm{KS}}) = P_{l_{\mathrm{KS}}}$ 并且式(5.13)等价于

$$2P_{l_{\mathrm{KS}}} \geqslant P + K - d。 \tag{5.14}$$

根据系统效用的定义式(5.10)可知，式(5.12)中的第一个不等式等价于下面的不等式：

$$(l_d - 2l_{\mathrm{KS}} + l)K \geqslant \alpha(P_l - P_{l_{\mathrm{KS}}}), l < l_d; \tag{5.15a}$$

$$2(l_d - l_{\mathrm{KS}})K \geqslant \alpha(P + K - d - 2P_{l_{\mathrm{KS}}}), l = l_d。 \tag{5.15b}$$

现在证明不等式(5.15)。由 $l < l_d$ 和式(5.9)，得 $P_l < P + K - d$，根据此式和式(5.14)可得 $P_l < 2P_{l_{\mathrm{KS}}}$，因此不等式(5.15a)的右边是负的；当 $l = l_d$

时，由式(5.14)可知不等式(5.15b)的右边是非正的。另一方面，根据引理 5.2，不等式(5.15)的左边是非负的。综上所述，式(5.15)成立。

下面证明当 l_d 为奇数且 $\bar{u}^{B}(l_{KS})<1/2$ 时，式(5.12)中的第二个不等式成立。根据引理 5.3 可得 $l_{KS}=\lfloor l_d/2\rfloor=(l_d-1)/2$。由 KS 公平排序的定义，有 $\bar{u}^{B}(l_{KS})\geqslant\bar{u}^{A}(\lceil l_d/2\rceil)$，又因为 $\bar{u}^{A}(l_d/2)=(l_d-1)/2l_d$，所以

$$2l_dP_{l_{KS}}\geqslant(l_d-1)/(P+K-d)。\tag{5.16}$$

由 $l_{KS}=(l_d-1)/2$ 可知，式(5.12)中的第二个不等式等价于下面的不等式：

$$[2l_d+(l_d-1)l]K\geqslant\alpha[(l_d-1)P_l-2l_dP_{l_{KS}}],l<l_d;\tag{5.17a}$$

$$l_d(l_d+1)K\geqslant\alpha[(l_d-1)(P+K-d)-2l_dP_{l_{KS}}],l=l_d。\tag{5.17b}$$

由式(5.9)可知，当 $l<l_d$ 时，得到 $P_l<P+K-d$，由此式和式(5.16)可得 $2l_dP_{l_{KS}}>(l_d-1)P_l$，因此不等式(5.17a)的右边是负的；当 $l=l_d$ 时，由式(5.16)可知不等式(5.17b)的右边是非正的。注意不等式(5.17)的左边都是正的，所以式(5.17)成立。

对于 $K>d$ 情形的证明类似于上面对 $K\leqslant d$ 情形的证明，只需分别将式(5.14)和式(5.16)用 $2P_{l_{KS}}\geqslant P$ 和 $2l_dP_{l_{KS}}\geqslant(l_d-1)P$ 替换，分别将式(5.15)和式(5.17)用不带条件 $l<l_d$ 的式(5.15a)和式(5.17a)替换即可。 □

根据定理 5.2 可知，对于所有偶数 l_d，有 $(U(\sigma^*)-U(\sigma_{KS}))/U(\sigma^*)\leqslant 1/2$；对于所有奇数 $l_d\geqslant 3$，有 $(U(\sigma^*)-U(\sigma_{KS}))/U(\sigma^*)\leqslant(l_d+1)/(2l_d)\leqslant 2/3$。

关于 $1|d_j^B=d|(\sum C_j^A,T_{\max}^B)$ 的 KS 公平定价问题有下面的结果。

定理 5.3　对于问题 $1|d_j^B=d|(\sum C_j^A,T_{\max}^B)$，有 $\mathrm{PoF}_{KS}=\dfrac{2}{3}$。

证明：只需证明公平定价的界 $\dfrac{2}{3}$ 可以达到。考虑下面的实例 I_ε：参数 $\alpha>0$ 是给定的常数，$d\geqslant 0$ 是问题输入的参数，$\varepsilon>0$ 是任意小的常数，B-工件的长度为 K，代理 A 有 $l_d\geqslant 3$(l_d 是奇数)个工件，其中 l_d-1 个工件的长度为 p，一个工件的长度为 $p+\varepsilon$。其中 d、K 和 p 满足 $d\leqslant K$，$K/\alpha<p$。

在系统最优排序 σ^* 中，工件按照 WSPT 顺序加工，即先加工 B-工件 K，最后加工最长的 A-工件 $p+\varepsilon$，剩下的 l_d-1 个 A-工件在中间。那么，$u^A(\sigma^*)=0$，$u^B(\sigma^*)=(l_dp+\varepsilon+K)-K=l_dp+\varepsilon$，因此 $U(\sigma^*)=\alpha(l_dp+\varepsilon)$。易证实例 I_ε 存在唯一一个 KS 公平排序，$l_{KS}=(l_d-1)/2$，那么 $u^A(\sigma_{KS})=$

$\dfrac{l_d+1}{2}K$，$u^{\mathrm{B}}(\sigma_{\mathrm{KS}})=\dfrac{l_d-1}{2}p+\varepsilon$，因此 $U(\sigma_{\mathrm{KS}})=\dfrac{l_d+1}{2}K+\alpha\left(\dfrac{l_d-1}{2}p+\varepsilon\right)$。所以

$$\frac{u(\sigma^*)-u(\sigma_{\mathrm{KS}})}{u(\sigma^*)}=\frac{\dfrac{l_d+1}{2}(\alpha p+K)}{\alpha(l_d p+\varepsilon)}\xrightarrow[\varepsilon\to 0]{p\to\infty}\frac{l_d+1}{2l_d}。$$

根据定理 5.2，当 $l_d=3$ 时，$\dfrac{l_d+1}{2l_d}=\dfrac{2}{3}$。 □

现在讨论比例公平。前面已经证明，如果比例公平解存在，则有 $\mathrm{PoF}_{\mathrm{PF}}\leqslant\dfrac{1}{2}$。下面将证明对于 $1|d_j^{\mathrm{B}}=d|(\sum C_j^{\mathrm{A}},T_{\max}^{\mathrm{B}})$ 比例公平排序存在，并且 $\mathrm{PoF}_{\mathrm{PF}}$ 的界 $\dfrac{1}{2}$ 是紧的。

考虑下面的实例 I：参数 $\alpha>0$ 是给定的常数，$d\geqslant 0$ 是问题输入的参数，代理 A 有 m（m 是偶数）个单位长度的工件，B-工件的长度为 K，其中 $K\geqslant d$，$K>\alpha$。图 5-2 给出了公平排序 σ_{PF} 和系统最优排序 σ^*，其中工件按照 WSPT 序加工。

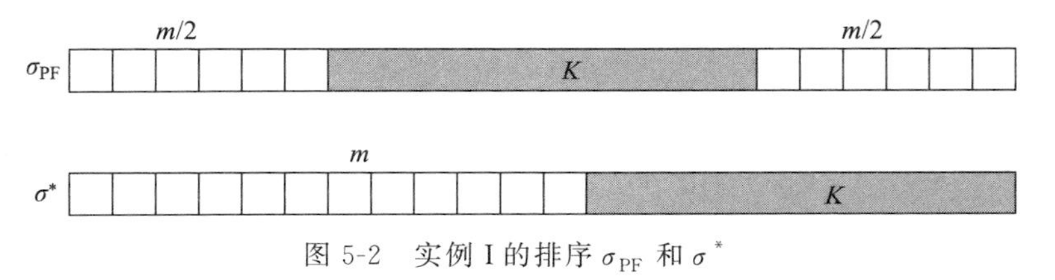

图 5-2 实例 I 的排序 σ_{PF} 和 σ^*

代理 A 和 B 的费用分别为

$$f_\infty^{\mathrm{A}}=\frac{m(m+1)}{2}+Km,f_\infty^{\mathrm{B}}=K+m-d;$$

$$f^{\mathrm{A}}(\sigma^*)=\frac{m(m+1)}{2},f^{\mathrm{B}}(\sigma^*)=K+m-d;$$

$$f^{\mathrm{A}}(\sigma_{\mathrm{PF}})=\frac{m(m+1)}{2}+\frac{Km}{2},f^{\mathrm{B}}(\sigma_{\mathrm{PF}})=K+\frac{m}{2}-d。$$

对于排序 σ_{PF} 和 σ^*，代理 A 和 B 的效用分别为

$$u^{\mathrm{A}}(\sigma^*)=Km,u^{\mathrm{B}}(\sigma^*)=0;$$

$$u^{\mathrm{A}}(\sigma_{\mathrm{PF}})=\frac{Km}{2},u^{\mathrm{B}}(\sigma_{\mathrm{PF}})=\frac{m}{2}。$$

因此，$U(\sigma^*)=Km$，$U(\sigma_{\mathrm{PF}})=\dfrac{m(K+\alpha)}{2}$。所以

$$\mathrm{PoF}_{\mathrm{PF}}=\frac{U(\sigma^{*})-U(\sigma_{\mathrm{PF}})}{U(\sigma^{*})}=1-\frac{\frac{m(K+\alpha)}{2}}{Km}=\frac{K-\alpha}{2K}。$$

当 K 趋于无穷大时，$\frac{K-\alpha}{2K}$ 趋于 $\frac{1}{2}$。关于 $1|d_j^{\mathrm{B}}=d|(\sum C_j^{\mathrm{A}},T_{\max}^{\mathrm{B}})$ 在比例公平意义下的定价问题有下面的结论。

定理 5.4　对于问题 $1|d_j^{\mathrm{B}}=d|(\sum C_j^{\mathrm{A}},T_{\max}^{\mathrm{B}})$，有 $\mathrm{PoF}_{\mathrm{PF}}=\frac{1}{2}$。

首先讨论在 $K\leqslant d$ 的情况下，比例公平排序的存在性。一个比例公平排序 σ_{PF} 存在当且仅当存在 l_{PF}，使得对于任意 l，有

$$\frac{u^{\mathrm{A}}(l)}{u^{\mathrm{A}}(l_{\mathrm{PF}})}+\frac{u^{\mathrm{B}}(l)}{u^{\mathrm{B}}(l_{\mathrm{PF}})}\leqslant 2。\tag{5.18}$$

事实上，式(5.18)是式(5.6)的等价变形。由表 5-1 可知，如果 $l<l_d$，则 $u^{\mathrm{B}}(l)=P_l$，$u^{\mathrm{B}}(l_d)=P+K-d$。因此，当 $l<l_d$ 时，不等式(5.18)变为

$$\frac{l_d-l}{l_d-l_{\mathrm{PF}}}+\frac{P_l}{P_{l_{\mathrm{PF}}}}\leqslant 2;\tag{5.19}$$

当 $l=l_d$ 时，式(5.18)又变为

$$\frac{P+K-d}{P_{l_{\mathrm{PF}}}}\leqslant 2。\tag{5.20}$$

如果满足式(5.19)和式(5.20)的 σ_{PF} 存在，那么 σ_{PF} 为比例公平排序。

由比例公平的定义，对于每一个比例公平排序 $\sigma_{l_{\mathrm{PF}}}$，代理效用 $u^{\mathrm{A}}(l_{\mathrm{PF}})$ 和 $u^{\mathrm{B}}(l_{\mathrm{PF}})$ 都是正的。注意在实例 I 中，代理 A 的效用 $u^{\mathrm{A}}(l_{\mathrm{PF}})=K(l_d-l_{\mathrm{PF}})$，如果 $l_d=0$，则 $K(l_d-l_{\mathrm{PF}})\leqslant 0$；代理 B 的效用 $u^{\mathrm{B}}(l_{\mathrm{PF}})=P_{l_{\mathrm{PF}}}$，如果 $l_d=1$，则由式(5.19)可知，当 $l=0$ 时有 $l_{\mathrm{PF}}\leqslant\frac{1}{2}$，因此 $l_{\mathrm{PF}}=0$，$P_{l_{\mathrm{PF}}}=0$。故有下面的结论。

引理 5.4　如果 $K\leqslant d$，则 $1|d_j^{\mathrm{B}}=d|(\sum C_j^{\mathrm{A}},T_{\max}^{\mathrm{B}})$ 只有在 $l_d\geqslant 2$ 时，可能存在比例公平排序。

由引理 5.4，假设 $l_d\geqslant 2$。在不等式(5.19)中，令 $l=0$，$P_l=0$，可得

$$\frac{l_d}{l_d-l_{\mathrm{PF}}}\leqslant 2,\tag{5.21}$$

令 $l=1$，可得

$$\frac{l_d}{l_d-l_{\mathrm{PF}}}-\frac{1}{l_d-l_{\mathrm{PF}}}+\frac{P_1}{P_{l_{\mathrm{PF}}}}\leqslant 2。\tag{5.22}$$

因为 $P_1=p_m$，即 P_1 是所有 A-工件中最长的，所以 $P_{l_{\mathrm{PF}}}\leqslant l_{\mathrm{PF}}P_1$。又由式(5.21)可得 $l_{\mathrm{PF}}\leqslant l_d-l_{\mathrm{PF}}$，故 $P_{l_{\mathrm{PF}}}\leqslant(l_d-l_{\mathrm{PF}})P_1$，即

$$-\frac{1}{l_d-l_{\mathrm{PF}}}+\frac{P_1}{P_{l_{\mathrm{PF}}}}\geqslant 0。$$

由上式可得式(5.22)的左边不小于式(5.21)的左边。令 $\mathrm{LHS}(l)$ 表示式(5.19)的左边，即 $\mathrm{LHS}(l)=\frac{l_d-l}{l_d-l_{\mathrm{PF}}}+\frac{P_l}{P_{l_{\mathrm{PF}}}}$。既然 $P_l-P_{l-1}=P_{m-l+1}$，那么对于任意 l，不等式(5.19)可变为

$$\mathrm{LHS}(l)=\mathrm{LHS}(l-1)-\frac{1}{l_d-l_{\mathrm{PF}}}+\frac{P_{m-l+1}}{P_{l_{\mathrm{PF}}}}\leqslant 2。\tag{5.23}$$

观察式(5.23)可知，当 $\frac{P_{m-l+1}}{P_{l_{\mathrm{PF}}}}>\frac{1}{l_d-l_{\mathrm{PF}}}$ 时，$\mathrm{LHS}(l)$ 为递增函数；否则，$\mathrm{LHS}(l)$ 为递减函数。注意 A-工件是按 SPT 序编号的，所以 $\mathrm{LHS}(l)$ 是凹函数。当 $l=l_{\mathrm{PF}}$ 时，

$$\mathrm{LHS}(l)=\frac{l_d-l_{\mathrm{PF}}}{l_d-l_{\mathrm{PF}}}+\frac{P_{l_{\mathrm{PF}}}}{P_{l_{\mathrm{PF}}}}=2。$$

由上式和式(5.17)可知，若 $\sigma_{l_{\mathrm{PF}}}$ 是比例公平排序，则在 $l=l_{\mathrm{PF}}$ 时 $\mathrm{LHS}(l)$ 达到最大值。因为 $\mathrm{LHS}(l)$ 是凹函数，因此只需说明 $\mathrm{LHS}(l_{\mathrm{PF}}-1)\leqslant\mathrm{LHS}(l_{\mathrm{PF}})$，$\mathrm{LHS}(l_{\mathrm{PF}}+1)\leqslant\mathrm{LHS}(l_{\mathrm{PF}})$。将 $\mathrm{LHS}(l_{\mathrm{PF}}-1)$ 的表达式代入式 $\mathrm{LHS}(l_{\mathrm{PF}}-1)\leqslant 2$，可以得到 $P_{l_{\mathrm{PF}}}\leqslant(l_d-l_{\mathrm{PF}})(p_{l_{\mathrm{PF}}}-p_{l_{\mathrm{PF}}-1})$；将 $\mathrm{LHS}(l_{\mathrm{PF}}+1)$ 的表达式代入式 $\mathrm{LHS}(l_{\mathrm{PF}}+1)\leqslant 2$，可以得到 $P_{l_{\mathrm{PF}}}\geqslant(l_d-l_{\mathrm{PF}})(p_{l_{\mathrm{PF}}+1}-p_{l_{\mathrm{PF}}-1})$。注意到式(5.21)，所以有下面的结论。

引理 5.5 如果 $K\leqslant d$，则比例公平排序 $\sigma_{l_{\mathrm{PF}}}$ 存在的充要条件是：存在一个整数 l_{PF}，$2\leqslant l_{\mathrm{PF}}\leqslant\lfloor l_d/2\rfloor$，使得式(5.20)成立，并且

$$p_{m-l_{\mathrm{PF}}}\leqslant\frac{P_{l_{\mathrm{PF}}}}{l_d-l_{\mathrm{PF}}}\leqslant p_{m-l_{\mathrm{PF}}+1}。\tag{5.24}$$

对于 $K>d$ 的情况，当 $l=l_d$ 时，$u^{\mathrm{B}}(l_d)=P_{l_d}$，此时式(5.20)是式(5.19)的特殊情形。所以当 $K>d$ 时，有下面的结论。

引理 5.6 如果 $K>d$，则比例公平排序 $\sigma_{l_{\mathrm{PF}}}$ 存在的充要条件是：存在整数 l_{PF}，$2\leqslant l_{\mathrm{PF}}\leqslant\lfloor l_d/2\rfloor$，使得式(5.24)成立。

根据引理 5.5 和引理 5.6 可知，为了寻找一个比例公平排序，可以在闭区间 $[2,\lfloor l_d/2\rfloor]$ 上检查每一个 l_{PF} 是否满足式(5.24)和式(5.20)(当 $K\leqslant d$ 时)。观察不等式(5.24)，它的左边和右边两项都是 l_{PF} 的减函数，中间项是 l_{PF} 的增函数。因此，满足式(5.24)的 l_{PF} 可以通过在 $[2,\lfloor l_d/2\rfloor]$ 上二进制搜索

得到。所以有下面的定理。

定理 5.5　对于问题 $1|d_j^{\mathrm{B}}=d|(\sum C_j^{\mathrm{A}},T_{\max}^{\mathrm{B}})$，在 $O(\log m)$ 时间内或者找到比例公平排序，或者证明比例公平排序不存在。

5.3　极小化 $(\sum C_j^{\mathrm{A}},\sum C_j^{\mathrm{B}})$ 的公平定价问题

本节讨论两个代理都极小化总完工时间的单机排序问题 $1||(\sum C_j^{\mathrm{A}},\sum C_j^{\mathrm{B}})$。

当问题 $1|d_j^{\mathrm{B}}=d|(\sum C_j^{\mathrm{A}},T_{\max}^{\mathrm{B}})$ 中代理 B 的公共交货期 $d=0$，即只有一个 B-工件时，该问题等价于 $1||(\sum C_j^{\mathrm{A}},\sum C_j^{\mathrm{B}})$。根据定理 5.3 知，对于问题 $1||(\sum C_j^{\mathrm{A}},\sum C_j^{\mathrm{B}})$，有 $\mathrm{PoF}_{\mathrm{KS}}\geqslant\frac{2}{3}$，但是 $1||(\sum C_j^{\mathrm{A}},\sum C_j^{\mathrm{B}})$ 的 $\mathrm{PoF}_{\mathrm{KS}}$ 的精确值还不知道。

关于问题 $1|d_j^{\mathrm{B}}=d|(\sum C_j^{\mathrm{A}},T_{\max}^{\mathrm{B}})$，帕累托排序的数量是 A-工件个数的线性函数，但是对于 $1||(\sum C_j^{\mathrm{A}},\sum C_j^{\mathrm{B}})$，Agnetis 等(2004)证明它的帕累托排序的数量是指数量级的。下面将确定该问题的比例公平排序的存在性，事实上，寻找一个比例公平排序或者 KS 公平排序都是困难的。

给定一个两代理排序，一个实例中两个代理的工件个数及其加工时间都相等，则称该实例是对称的。Nicosia 等(2017)证明了对于多代理问题，如果存在比例公平解，那么它是唯一的。

定理 5.6　对于问题 $1||(\sum C_j^{\mathrm{A}},\sum C_j^{\mathrm{B}})$，如果存在两个比例公平排序 σ'_{PF} 和 σ''_{PF}，则 $u^{\mathrm{A}}(\sigma'_{\mathrm{PF}})=u^{\mathrm{A}}(\sigma''_{\mathrm{PF}})$，$u^{\mathrm{B}}(\sigma'_{\mathrm{PF}})=u^{\mathrm{B}}(\sigma''_{\mathrm{PF}})$。

证明：设 σ'_{PF} 和 σ''_{PF} 为两个比例公平排序。由式(5.18)，有

$$\frac{u^{\mathrm{A}}(\sigma''_{\mathrm{PF}})}{u^{\mathrm{A}}(\sigma'_{\mathrm{PF}})}+\frac{u^{\mathrm{B}}(\sigma''_{\mathrm{PF}})}{u^{\mathrm{B}}(\sigma'_{\mathrm{PF}})}\leqslant 2,\ \frac{u^{\mathrm{A}}(\sigma'_{\mathrm{PF}})}{u^{\mathrm{A}}(\sigma''_{\mathrm{PF}})}+\frac{u^{\mathrm{B}}(\sigma'_{\mathrm{PF}})}{u^{\mathrm{B}}(\sigma''_{\mathrm{PF}})}\leqslant 2。$$

令 $\phi^{\mathrm{A}}=\frac{u^{\mathrm{A}}(\sigma'_{\mathrm{PF}})}{u^{\mathrm{A}}(\sigma''_{\mathrm{PF}})}$，$\phi^{\mathrm{B}}=\frac{u^{\mathrm{B}}(\sigma'_{\mathrm{PF}})}{u^{\mathrm{B}}(\sigma''_{\mathrm{PF}})}$，显然有 $\phi^{\mathrm{A}}\geqslant 0,\phi^{\mathrm{B}}\geqslant 0$，并且 $\phi^{\mathrm{A}}+\phi^{\mathrm{B}}\leqslant 2$，$\frac{1}{\phi^{\mathrm{A}}}+\frac{1}{\phi^{\mathrm{B}}}\leqslant 2$，则 $\phi^{\mathrm{A}}+\phi^{\mathrm{B}}+\frac{1}{\phi^{\mathrm{A}}}+\frac{1}{\phi^{\mathrm{B}}}\leqslant 4$。因为 $\phi^{\mathrm{A}}+\frac{1}{\phi^{\mathrm{A}}}\geqslant 2,\phi^{\mathrm{B}}+\frac{1}{\phi^{\mathrm{B}}}\geqslant 2$，所以 $\phi^{\mathrm{A}}+\frac{1}{\phi^{\mathrm{A}}}=2,\phi^{\mathrm{B}}+\frac{1}{\phi^{\mathrm{B}}}=2$。因此 $\phi^{\mathrm{A}}=1,\phi^{\mathrm{B}}=1$，即 $u^{\mathrm{A}}(\sigma'_{\mathrm{PF}})=u^{\mathrm{A}}(\sigma''_{\mathrm{PF}})$，$u^{\mathrm{B}}(\sigma'_{\mathrm{PF}})=u^{\mathrm{B}}(\sigma''_{\mathrm{PF}})$。 □

定理 5.7 对于问题 $1||(\sum C_j^A, \sum C_j^B)$，确定是否存在一个比例公平排序是 NP-难的；如果比例公平排序存在，那么比例公平排序是唯一的，同时找到一个比例公平排序也是 NP-难的。

证明：给定一个划分的实例 I_1：对于 n 个整数 $p_1, p_2, \cdots, p_n, P = \sum_{i=1}^{n} p_i$。构造 $1||(\sum C_j^A, \sum C_j^B)$ 的一个对称实例 I_2：每个代理都有 n 个工件，并且加工时间分别为 $p_1, p_2, \cdots, p_n$，不失一般性，假设 $p_1 \leqslant p_2 \leqslant \cdots \leqslant p_n$。

构造实例 I_2 的一个排序 σ：两个长度为 p_1 的工件首先加工，其次加工长度为 p_2 的两个工件，最后加工长度为 p_n 的两个工件。如上面结构的排序 σ 称为 SPT 排序。通过交换任意一对长度相等工件的加工顺序，可以得到 2^n 个这样的 SPT 排序。易证所有 SPT 排序都是关于目标函数 $\sum_{j=1}^{n}(C_j^A + C_j^B)$ 的整体最优排序，所以它们也都是帕累托排序。

给定任意一个 SPT 排序 σ，令 $S \subseteq \{1, 2, \cdots, n\}$ 表示工件下标 j 的集合，其中工件 J_j^A 在工件 J_j^B 之前加工。令 $P(S)$ 表示 S 中 A-工件的总加工时间，$P - P(S)$ 则为所有 J_j^B 在 J_j^A 之前加工的 B-工件 J_j^B 的总加工时间。代理 A 和 B 的总费用分别为

$$P + 2\sum_{i=1}^{n}(n-i)p_i + (P - P(S))$$

和

$$P + 2\sum_{i=1}^{n}(n-i)p_i + P(S)。$$

如果一个排序中两个代理的费用相同，则称该排序为平衡的。所以 SPT 排序 σ 是平衡的，当且仅当 S 是实例 I_1 的一个解，即 $P(S) = \frac{P}{2}, P - P(S) = P(S)$。

下面证明一个 SPT 排序 σ 是比例公平排序当且仅当它是平衡的，并且如果比例公平排序存在，则它是唯一的。

设 σ^* 为一个平衡的 SPT 排序。由实例 I_2 的对称性构造可得 $f_\infty = f_\infty^A = f_\infty^B$，$f = f^A(\sigma^*) = f^B(\sigma^*)$。对于任意排序 σ，不失一般性，假设 $f^A(\sigma) = f - \delta$，$f^B(\sigma) = f + \Delta$。因为 σ^* 是 SPT 排序，那么 σ^* 是整体最优排序，所以有 $\delta \leqslant \Delta$。因此

$$\frac{f_\infty - (f - \delta)}{f_\infty - f} + \frac{f_\infty - (f + \Delta)}{f_\infty - f} \leqslant 2。$$

所以，如果存在一个平衡的 SPT 排序，那么它是比例公平排序。

设 σ' 为非平衡的 SPT 排序，其中 $f^{\mathrm{A}}(\sigma')=f-\delta$，$f^{\mathrm{B}}(\sigma')=f+\Delta$，且假设 σ' 是比例公平排序。由于实例 I_2 是对称的，设 σ'' 为通过交换 σ' 中 n 对具有相同加工时间的工件的加工顺序获得的新排序，则 σ'' 是比例公平排序，并且 $f^{\mathrm{A}}(\sigma'')=f+\Delta$，$f^{\mathrm{B}}(\sigma'')=f-\delta$。该结论与定理 5.6 矛盾，所以 σ' 不是比例公平排序。

综上所述，实例 I_2 存在一个比例公平排序当且仅当实例 I_1 存在一个划分。

□

类似于定理 5.7 的证明，关于 KS 公平排序有下面的结论。

定理 5.8　对于问题 $1\|\left(\sum C_j^{\mathrm{A}},\sum C_j^{\mathrm{B}}\right)$，确定是否存在一个 KS 公平排序是 NP-难的。

证明：给定一个划分的实例 I_1：对于 n 个整数 $p_1,p_2,\cdots,p_n$，$P=\sum_{i=1}^{n}p_i$。构造 $1\|\left(\sum C_j^{\mathrm{A}},\sum C_j^{\mathrm{B}}\right)$ 的一个对称实例 I_2：每个代理都有 n 个工件，并且加工时间分别为 $p_1,p_2,\cdots,p_n$，不失一般性，假设 $p_1\leqslant p_2\leqslant\cdots\leqslant p_n$。

构造实例 I_2 的一个排序 σ：两个长度为 p_1 的工件首先加工，其次加工长度为 p_2 的两个工件，最后加工长度为 p_n 的两个工件。如上面结构的排序 σ 称为 SPT 排序。通过交换任意一对长度相等工件的加工顺序，可以得到 2^n 个这样的 SPT 排序。易证所有 SPT 排序都是关于目标函数 $\sum_{j=1}^{n}(C_j^{\mathrm{A}}+C_j^{\mathrm{B}})$ 的整体最优排序，所以它们也都是帕累托排序。

给定任意一个 SPT 排序 σ，令 $S\subseteq\{1,2,\cdots,n\}$ 表示工件下标 j 的集合，其中工件 J_j^{A} 在 J_j^{B} 之前加工。令 $P(S)$ 表示 S 中 A-工件的总加工时间，$P-P(S)$ 则为所有 J_j^{B} 在 J_j^{A} 之前加工的 B-工件 J_j^{B} 的总加工时间。代理 A 和 B 的总费用分别为

$$P+2\sum_{i=1}^{n}(n-i)p_i+(P-P(S))$$

和

$$P+2\sum_{i=1}^{n}(n-i)p_i+P(S)。$$

因此 SPT 排序 σ 是平衡的，当且仅当 S 是实例 I_1 的一个解，即 $P(S)=\frac{P}{2}$，$P-P(S)=P(S)$。

下面证明一个 SPT 排序 σ 是 KS 公平排序当且仅当它是平衡的。

设σ^*为一个平衡的 SPT 排序。由实例 I_2 的对称性构造可得 $f_\infty = f_\infty^A = f_\infty^B$，$f = f^A(\sigma^*) = f^B(\sigma^*)$。对于任意排序$\sigma$，不失一般性，假设 $f^A(\sigma) = f - \delta$，$f^B(\sigma) = f + \Delta$。因为σ^*是 SPT 排序，那么σ^*是整体最优排序，所以有 $\delta \leqslant \Delta$。因此

$$\frac{f_\infty - (f - \delta)}{f_\infty - f} + \frac{f_\infty - (f + \Delta)}{f_\infty - f} \leqslant 2。$$

所以，如果存在一个平衡的 SPT 排序，那么它是比例公平排序。

设σ'为非平衡的 SPT 排序，其中 $f^A(\sigma') = f - \delta$，$f^B(\sigma') = f + \Delta$。假设$\sigma'$是比例公平排序。由于实例 I_2 是对称的，设σ''为通过交换σ'中n对具有相同加工时间的工件的加工顺序获得的新排序，则σ''是比例公平排序，并且 $f^A(\sigma'') = f + \Delta$，$f^B(\sigma'') = f - \delta$。该结论与定理 5.6 矛盾，所以$\sigma'$不是比例公平排序。

综上所述，实例 I_2 存在一个比例公平排序当且仅当实例 I_1 存在一个划分。

□

5.4 极小化 $\left(\sum C_j^A, \sum T_j^B\right)$ 的公平定价问题

本节讨论在单机环境下一个代理最小化总完工时间、另一个代理最小化总延误的公平定价问题。根据 l_1 和 l_2 的大小情况，分两种情形研究排序模型 $1|d_1^B < d_2^B|\left(\sum C_j^A, \sum T_j^B\right)$ 在 KS 公平标准下的公平定价问题，最后给出 $\mathrm{PoF_{KS}} = \dfrac{1}{2}$。

首先考虑 $l_1 > l_2$ 的情形，代理 A-工件的加工时间均为 p，代理 B-工件的加工时间 $p_1^B = p_2^B = p'$，并且 $p' \geqslant p$。借鉴 Zhang 等(2020)中提供的算法可以找到所有帕累托最优的 KS 公平排序，并求得 $\mathrm{PoF_{KS}} = \dfrac{1}{2}$。

给出 $1|d_1^B < d_2^B|\left(\sum C_j^A, \sum T_j^B\right)$ 在 $l_1 > l_2$ 情形下关于帕累托最优排序结构的刻画。

引理 5.7 对于问题 $1|d_1^B < d_2^B|\left(\sum C_j^A, \sum T_j^B\right)$，当 $l_1 > l_2$ 时，在任何一个帕累托最优排序中，都有代理 B-工件保持 EDD 序；且 p_1^B 之前至少有 l_2 个 A-工件，p_2^B 之前至少有 l_1 个 A-工件。

为了更好地刻画帕累托解的结构(见图 5-3)，引入两个变量 x、y，用 $\sigma(x, y)$ 表示与 (x, y) 相对应的排序，其中 x 表示排序 $\sigma(x, y)$ 中工件 p_1^B 与

p_2^B 之间的 A-工件个数，y 表示工件 p_2^B 之后的 A-工件个数，且 x 和 y 均为整数，P_x 和 P_y 分别表示这些 x 个 A-工件和 y 个 A-工件的总加工时间。由引理 5.7 知，后面只需要考虑 $0 \leqslant x \leqslant m-l_2$，$0 \leqslant y \leqslant m-l_1$ 和 $0 \leqslant x+y \leqslant m-l_2$ 相对应的可行排序。

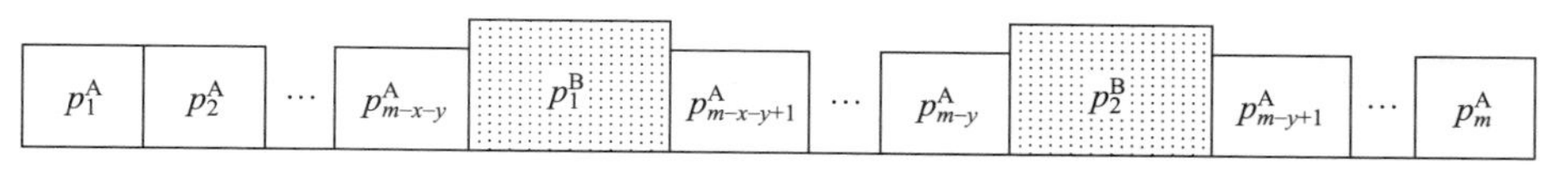

图 5-3　$\sigma(x,y)$ 的结构

根据图 5-3 中 $\sigma(x,y)$ 的结构，接下来给出两个代理的费用函数和效用函数(见表 5-2)。

表 5-2　代理的费用函数和效用函数(一)

费用函数和效用函数	代理 A	代理 B
$f_{\min}^i$	$\sum_{j=1}^{m}\sum_{i=1}^{j} p_i^A$	0
$f_{\max}^i$	$f_{\min}^A + (l_1 - l_2)p' + 2(m-l_1)p'$	$2P + 3p' - d_1^B - d_2^B$
$f^i(x,y)$	$f_{\min}^A + xp' + 2yp'$	$f^B(x,y)$
$u^i(x,y)$	$K_1 - (x+2y)p'$	$u^B(x,y)$
$\bar{u}^i(x,y)$	$\frac{K_1 - (x+2y)p'}{K_1}$	$\bar{u}^B(x,y)$

设 $K_1 = u_{\max}^A = (l_1 - l_2)p' + 2(m-l_1)p'$，$K_2 = u_{\max}^B = 2P + 3p' - d_1^B - d_2^B$。为使 $K_2 > 0$，不妨假设 $l_1 \leqslant m-1$。由于 $0 \leqslant x \leqslant m-l_2$，$0 \leqslant y \leqslant m-l_1$，则分类给出代理 B 的费用函数如下：

$$f^B(x,y) = \begin{cases} 0, & x = l_1 - l_2, y = m - l_1 \\ \sum_{i=1}^{m-y} p_i^A + 2p' - d_2^B, & x = m - l_2 - y, y < m - l_1 \\ \sum_{i=1}^{m-x-y} p_i^A + p' - d_1^B, & x < l_1 - l_2, y = m - l_1 \\ \sum_{i=1}^{m-x-y} p_i^A + \sum_{i=1}^{m-y} p_i^A + 3p' - d_1^B - d_2^B, & x < m - l_2 - y, y < m - l_1 \end{cases}$$

从而可以求得效用函数

$$u^B(x,y)=\begin{cases}K_2,\ x=l_1-l_2,y=m-l_1\\P+P_y+p'-d_1^B,\ x=m-l_2-y,y<m-l_1\\P+P_y+P_x+2p'-d_2^B,\ x<l_1-l_2,y=m-l_1\\P_x+2P_y,\ x<m-l_2-y,y<m-l_1\end{cases}$$。

则标准化效用表示如下：

$$\bar{u}^B(x,y)=\begin{cases}1,\ x=l_1-l_2,y=m-l_1\\\dfrac{P+P_y+p'-d_1^B}{K_2},\ x=m-l_2-y,y<m-l_1\\\dfrac{P+P_y+P_x+2p'-d_2^B}{K_2},\ x<l_1-l_2,y=m-l_1\\\dfrac{P_x+2P_y}{K_2},\ x<m-l_2-y,y<m-l_1\end{cases}$$。

下面分类讨论以上 4 种情形下 KS 公平排序集合和公平定价的情况。由于前 3 种情形属于代理 B 的工件至多只有一个是误工的情形,不妨将这些特殊情形记为情形 1;将第 4 种情形即两个工件均误工的情形记为情形 2。

情形 1　该情形又分为 3 种子情形,下面分别进行讨论。

(1) $x=l_1-l_2,y=m-l_1$。两个代理的标准化效用为 $\bar{u}^A(l_1-l_2,m-l_1)=0,\bar{u}^B(l_1-l_2,m-l_1)=1$。这种情形下与 $(l_1-l_2,m-l_1)$ 相对应的排序是最为平常的一种公平排序,从而有 $\mathrm{PoF}=0$。

(2) $x=m-l_2-y,y<m-l_1$。首先,可将两个代理的标准化效用分别表示为 $\bar{u}^A(m-l_2-y,y)=\dfrac{(m-l_1-y)p'}{K_1},\bar{u}^B(m-l_2-y,y)=\dfrac{(m+y)p+p'-d_1^B}{K_2}$。其次,注意到当 y 从 0 变为 $m-l_1-1$ 时,$\bar{u}^A$ 的值从 $\dfrac{(m-l_1)p'}{K_1}$ 递减到 $\dfrac{p'}{K_1}$,$\bar{u}^B$ 的值从 $\dfrac{mp+p'-d_1^B}{K_2}$ 递增到 $\dfrac{(2m-l_1-1)p+p'-d_1^B}{K_2}$。令 $\bar{u}^A(m-l_2-y,y)=\bar{u}^B(m-l_2-y,y)$,则得到两者的交点为 $y_0=\dfrac{K_2(m-l_1)p'-K_1(mp+p'-d_1^B)}{K_1p+K_2p'}$。结合下式:

$$\frac{K_1}{K_2}=\frac{(m-l_1)p'+(m-l_2)p'}{K_2}\geqslant\frac{(m-l_1)p'+(m-l_2)p'}{(m-l_1)p+(m-l_2)p}=\frac{p'}{p},\tag{5.25}$$

可以得到 $p' \leqslant \frac{K_1}{K_2}p$，则 $y_0 \leqslant 0$ 成立。即 $\bar{u}^{\mathrm{A}}(m-l_2-y,y)$ 与 $\bar{u}^{\mathrm{B}}(m-l_2-y,y)$ 在当前取值范围内没有交点，则与 $(m-l_2,0)$ 相对应的排序是一个 KS 公平排序。同时，与 $(m-l_2,0)$ 相对应的排序也是一个系统最优排序，从而得到 $\mathrm{PoF_{KS}}=0$。

(3) $x<l_1-l_2, y=m-l_1$。此时，代理的标准化效用 $\bar{u}^{\mathrm{A}}(x,m-l_1)=\frac{(l_1-l_2-x)p'}{K_1}$，$\bar{u}^{\mathrm{B}}(x,m-l_1)=\frac{(2m-l_1+x)p+2p'-d_2^{\mathrm{B}}}{K_2}$。根据系统效用的定义，此时系统效用可表示为 $U(x,m-l_1)=(l_1-l_2-x)p'+\gamma[(2m-l_1+x)p+2p'-d_2^{\mathrm{B}}]$，当 $x=0$ 时，得到最优系统效用 $U(\sigma^*)=U(0,m-l_1)=(l_1-l_2)p'+\gamma[(2m-l_1)p+2p'-d_2^{\mathrm{B}}]$，即与 $(0,m-l_1)$ 相对应的排序是一个系统最优排序。令 $\bar{u}^{\mathrm{A}}(x,m-l_1)=\bar{u}^{\mathrm{B}}(x,m-l_1)$，再结合式(5.25)，可以得到两者的交点满足

$$
\begin{aligned}
x_0 &= \frac{K_2(l_1-l_2)p'-K_1[(2m-l_1)p+2p'-d_2^{\mathrm{B}}]}{K_1p+K_2p'} \\
&\leqslant \frac{(l_1-l_2)p'-\frac{K_1}{K_2}[(2m-l_1)p+2p'-d_2^{\mathrm{B}}]}{2p'} \\
&< \frac{l_1-l_2}{2}
\end{aligned}
$$

从而有 $0 \leqslant x_0 < \frac{l_1-l_2}{2}$。如果 $x_0=0$，则与 $(0,m-l_1)$ 相对应的排序不仅是一个系统最优排序，也是一个 KS 公平排序，从而有 $\mathrm{PoF_{KS}}=0$。如果 $x_0>0$，则可以得到 $0 \leqslant x_{\mathrm{KS}} \leqslant \lceil x_0 \rceil \leqslant \frac{l_1-l_2}{2}$。

下面证明对于任何一个 KS 公平排序，有 $\frac{U(\sigma^*)-U(\sigma_{\mathrm{KS,P}})}{U(\sigma^*)} \leqslant \frac{1}{2}$ 成立。该式可等价转换成证明

$$
\frac{(l_1-l_2-x_{\mathrm{KS}})p'+\gamma[(2m-l_1+x_{\mathrm{KS}})p+2p'-d_2^{\mathrm{B}}]}{(l_1-l_2)p'+\gamma[(2m-l_1)p+2p'-d_2^{\mathrm{B}}]} \geqslant \frac{1}{2}。 \tag{5.26}
$$

将式(5.26)进行整理可知，只需证明不等式

$$
(l_1-l_2-2x_{\mathrm{KS}})p'+\gamma[(2m-l_1+2x_{\mathrm{KS}})p+2p'-d_2^{\mathrm{B}}] \geqslant 0
$$

成立即可。由 $x_{\mathrm{KS}} \leqslant \frac{l_1-l_2}{2}$ 可得 $l_1-l_2-2x_{\mathrm{KS}} \geqslant 0$。又因为 $l_1 \leqslant m-1$，所

以有

$$(2m-l_1+2x_{\mathrm{KS}})p+2p'-d_2^{\mathrm{B}}>2(m-l_1+x_{\mathrm{KS}})p-p\geqslant p>0$$

成立。从而式(5.26)成立，则有 $\mathrm{PoF}_{\mathrm{KS}}\leqslant\frac{1}{2}$。

综合上述对情形1的讨论，可以得到下面的结论。

定理 5.9 当 $l_1>l_2$ 且代理 B 至多只有 1 个工件误工时，问题 $1|d_1^{\mathrm{B}}<d_2^{B}|(\sum C_j^{\mathrm{A}},\sum T_j^{\mathrm{B}})$ 有 $\mathrm{PoF}_{\mathrm{KS}}\leqslant\frac{1}{2}$。

情形2 讨论以下情形：$x<m-l_2-y,y<m-l_1$。该情形的取值范围可等价地转换为 $0\leqslant x<m-l_2,0\leqslant y<m-l_1$ 和 $0\leqslant x+y<m-l_2$。注意到这种情形下得到的排序都是帕累托最优排序。根据 $\bar{u}^{\mathrm{A}}(x,y)=\frac{K_1-(x+2y)p'}{K_1}$，$\bar{u}^{\mathrm{B}}(x,y)=\frac{(x+2y)p}{K_2}$，令 $\bar{u}^{\mathrm{A}}(x,y)=\bar{u}^{\mathrm{B}}(x,y)$，可以得到两者的交线，并将它在 xy 平面上的投影记作 L_p。下面给出代理标准化效用和 L_p 的一些性质。

引理 5.8 $\bar{u}^{\mathrm{A}}(x,y)$ 是一个严格递减的函数，当 $y\leqslant-\frac{x}{2}+\frac{K_1}{4p'}$ 时，$\bar{u}^{\mathrm{A}}(x,y)\geqslant\frac{1}{2}$；$\bar{u}^{\mathrm{B}}(x,y)$ 是一个严格递增的函数，当 $y\geqslant-\frac{x}{2}+\frac{K_1}{4p'}$ 时，$\bar{u}^{\mathrm{B}}(x,y)\geqslant\frac{1}{2}$。

证明： 由 $\bar{u}^{\mathrm{A}}(x,y)$ 的表达式可知，它是随着变量 x 和 y 增加而严格递减的。当 $\bar{u}^{\mathrm{A}}$ 在直线 $y=-\frac{x}{2}+\frac{K_1}{4p'}$ 上取值时，有

$$\bar{u}^{\mathrm{A}}\left(x,-\frac{x}{2}+\frac{K_1}{4p'}\right)=\frac{K_1-xp'-2\left(-\frac{x}{2}+\frac{K_1}{4p'}\right)p'}{K_1}=\frac{1}{2}。$$

所以当 $y\leqslant-\frac{x}{2}+\frac{K_1}{4p'}$ 时，$\bar{u}^{\mathrm{A}}(x,y)\geqslant\frac{1}{2}$ 成立。

$\bar{u}^{\mathrm{B}}(x,y)$ 是随着变量 x 和 y 增加而递增的函数，其中对于 $y=-\frac{x}{2}+\frac{K_1}{4p'}$ 上的点，有

$$\bar{u}^{\mathrm{B}}\left(x,-\frac{x}{2}+\frac{K_1}{4p'}\right)=\frac{xp+2\left(-\frac{x}{2}+\frac{K_1}{4p'}\right)p}{K_2}\geqslant\frac{\frac{K_1}{2}p\times\frac{K_2}{K_1p}}{K_2}=\frac{1}{2}。$$

所以当 $y\geqslant-\frac{x}{2}+\frac{K_1}{4p'}$ 时，$\bar{u}^{\mathrm{B}}(x,y)\geqslant\frac{1}{2}$。 □

引理 5.9　如果 (x,y) 位于直线 L_p 的下方，则 $\min\{\bar{u}^{\mathrm{A}}(x,y),\bar{u}^{\mathrm{B}}(x,y)\}=\bar{u}^{\mathrm{B}}(x,y)$；如果 (x,y) 位于直线 L_p 的上方，则 $\min\{\bar{u}^{\mathrm{A}}(x,y),\bar{u}^{\mathrm{B}}(x,y)\}=\bar{u}^{\mathrm{A}}(x,y)$。如果 (x,y) 是 L_p 上的非整数点，$(\lfloor x\rfloor,\lceil y\rceil)$ 和 $(\lceil x\rceil,\lfloor y\rfloor)$ 均在 L_p 的下方，则 $(\lfloor x\rfloor,\lfloor y\rfloor)$ 不可能是 KS 公平排序；如果 $(\lfloor x\rfloor,\lceil y\rceil)$ 和 $(\lceil x\rceil,\lfloor y\rfloor)$ 均在 L_p 的上方，则 $(\lceil x\rceil,\lceil y\rceil)$ 不可能是 KS 公平排序。

引理 5.10　假设 L_p 经过 $(x,y+\alpha)$ 和 $(x+1,z)$ 两点，其中 x 和 y 均为整数，$0\leqslant\alpha<1$，那么 $y-1\leqslant z<y+\alpha$。

证明：如果 $z<y-1$，那么 $(x+1,y-1)$ 位于直线 L_p 的上方。由引理 5.9 可知，$\bar{u}^{\mathrm{A}}(x+1,y-1)\leqslant\bar{u}^{\mathrm{B}}(x+1,y-1)$。下面考虑

$$\bar{u}^{\mathrm{A}}(x,y+\alpha)=\frac{K_1-xp'-2(y+\alpha)p'}{K_1}\leqslant\frac{K_1-xp'-2yp'+p'}{K_1}$$
$$=\bar{u}^{\mathrm{A}}(x+1,y-1),$$

而 $\bar{u}^{\mathrm{B}}(x+1,y-1)=\dfrac{(x+1)p+2(y-1)p}{K_2}<\bar{u}^{\mathrm{B}}(x,y)$。综上可以得到

$$\bar{u}^{\mathrm{A}}(x+1,y-1)\geqslant\bar{u}^{\mathrm{A}}(x,y+\alpha)=\bar{u}^{\mathrm{B}}(x,y+\alpha)\geqslant\bar{u}^{\mathrm{B}}(x,y)$$
$$\geqslant\bar{u}^{\mathrm{B}}(x+1,y-1),$$

这与假设相矛盾，故 $z\geqslant y-1$ 成立。

类似地假设 $z\geqslant y+\alpha$，则 $(x+1,y+\alpha)$ 位于直线 L_p 的下方。由引理 5.9 可知，

$$\bar{u}^{\mathrm{A}}(x+1,y+\alpha)\geqslant\bar{u}^{\mathrm{B}}(x+1,y+\alpha)。$$

而 $\bar{u}^{\mathrm{A}}(x+1,y+\alpha)\leqslant\bar{u}^{\mathrm{A}}(x,y+\alpha)=\bar{u}^{\mathrm{B}}(x,y+\alpha)\leqslant\bar{u}^{\mathrm{B}}(x+1,y+\alpha)$，两者相矛盾，故 $z<y+\alpha$ 成立。　□

下面寻找帕累托最优的 KS 公平排序，并用 $(x,y)_{\mathrm{KS,P}}$ 和 $\Sigma_{\mathrm{KS,P}}$ 表示相应的帕累托最优的 KS 公平排序和排序集合。借助 Zhang 等(2020)中的算法，不妨将其记为 KS-算法。该算法的主要思想是从 L_p 与 y 轴的交点开始追踪 L_p，检查 L_p 经过的每个正方形的 4 个角所处的点相对应的排序是否 KS 公平排序。对于 $\bar{u}^{\mathrm{A}}(0,y)$ 与 $\bar{u}^{\mathrm{B}}(0,y)$ 的交点，通过二搜索可以在 $O(\log m)$ 时间内找到。下面给出 KS-算法的具体步骤。

KS-算法 1

输入：关于 $l_1>l_2$ 情形下问题 $1|d_1^{\mathrm{B}}<d_2^{\mathrm{B}}|\left(\sum C_j^{\mathrm{A}},\sum T_j^{\mathrm{B}}\right)$ 的一个实例。

输出：所有帕累托最优的 KS 公平排序集合 X。

步骤 1：在区间 $(0,m]$ 内进行二搜索找到一个整数 y'，使得 L_p 与 y 轴的

交点落在区间 $[y', y'+1)$ 内。

步骤 2：进行初始化处理，令 $(x_0, y_0)=(0, y')$，$l=0$，$v_{\max}=0$ 和 $X=\varnothing$。当 $x_l<m$ 和 $y_l>0$ 时，进行以下循环。

步骤 3：如果 $\bar{u}^{\mathrm{B}}(x_l, y_l) \geqslant \bar{u}^{\mathrm{A}}(x_l, y_l)$，则 (x_l, y_l) 位于所在正方形的左上角，并将正方形 4 个角所处的点中使得 $\min\limits_{i=\mathrm{A,B}}\{\bar{u}^i(x, y)\}$ 达到最大的值记为 v_l。若 $v_l=v_{\max}$，则将该正方形 4 个角所处的点中满足 $\min\limits_{i=\mathrm{A,B}}\{\bar{u}^i(x, y)\}=v_l$ 的整数点放入 X；若 $v_l>v_{\max}$，则删除 X 中的其他点，并且令 $v_{\max}=v_l$。将 $(x_{l+1}, y_{l+1})=(x_l+1, y_l-1)$ 作为下一步的迭代点。否则，进行步骤 4。

步骤 4：(x_l, y_l) 位于所在正方形的左下角，并将正方形 4 个角所处的点中使得 $\min\limits_{i=\mathrm{A,B}}\{\bar{u}^i(x, y)\}$ 达到最大的值记为 v_l。若 $v_l=v_{\max}$，则将该正方形 4 个角所处的点中满足 $\min\limits_{i=\mathrm{A,B}}\{\bar{u}^i(x, y)\}=v_l$ 的整数点放入 X；若 $v_l>v_{\max}$，则删除 X 中的其他点，并且令 $v_{\max}=v_l$，将 $(x_{l+1}, y_{l+1})=(x_l+1, y_l)$ 作为下一步的迭代点。

步骤 5：$l=l+1$，转步骤 3。

步骤 6：跳出循环后，输出集合 X。

定理 5.10 当 $l_1>l_2$ 时，对于情形 2 下的问题 $1|d_1^{\mathrm{B}}<d_2^{\mathrm{B}}|(\sum C_j^{\mathrm{A}}, \sum T_j^{\mathrm{B}})$，所有的帕累托最优的 KS 公平排序可以在 $O(m)$ 时间内找到。

引理 5.11 当 $l_1>l_2$ 时，对于情形 2 下的任何一个帕累托最优的 KS 公平排序 $(x, y)_{\mathrm{KS,P}} \in \Sigma_{\mathrm{KS,P}}$，都有 $\bar{u}^{B}(x, y)_{\mathrm{KS,P}} \geqslant \frac{1}{2}$。

证明：假设 (x, y) 是 L_p 上的点，L_p 经过每个正方形的 4 个角 $(\lfloor x\rfloor, \lfloor y\rfloor)$、$(\lfloor x\rfloor, \lceil y\rceil)$、$(\lceil x\rceil, \lfloor y\rfloor)$ 和 $(\lceil x\rceil, \lceil y\rceil)$ 相对应的排序都是可能的 $(x, y)_{\mathrm{KS,P}}$（见图 5-4）。根据 $\bar{u}^{\mathrm{B}}(x, y)$ 的单调性可知，若 $\bar{u}^{\mathrm{B}}(\lfloor x\rfloor, \lfloor y\rfloor) \geqslant \frac{1}{2}$，则 $\bar{u}^{\mathrm{B}}$ 在其余 3 点的值不小于 $\frac{1}{2}$。由引理 5.8 可知，当 $\lfloor y\rfloor \geqslant -\frac{\lfloor x\rfloor}{2}+\frac{K_1}{4p'}$ 时，则 $\bar{u}^{\mathrm{B}}(\lfloor x\rfloor, \lfloor y\rfloor) \geqslant \frac{1}{2}$。当 $\lfloor y\rfloor < -\frac{\lfloor x\rfloor}{2}+\frac{K_1}{4p'}$ 时，如果 $\lceil y\rceil \leqslant -\frac{\lceil x\rceil}{2}+\frac{K_1}{4p'}$，则 $\bar{u}^{\mathrm{A}}(\lceil x\rceil, \lceil y\rceil) \geqslant \frac{1}{2}$。而 $(\lceil x\rceil, \lceil y\rceil)$ 是 L_p 上方的点，则有 $\min\{\bar{u}^{\mathrm{A}}(\lceil x\rceil, \lceil y\rceil), \bar{u}^{\mathrm{B}}(\lceil x\rceil, \lceil y\rceil)\} \geqslant \bar{u}^{\mathrm{A}}(\lceil x\rceil, \lceil y\rceil) \geqslant \frac{1}{2}$。如果 $\lceil y\rceil > -\frac{\lceil x\rceil}{2}+\frac{K_1}{4p'}$，注意在图 5-4 中，$y=-\frac{x}{2}+\frac{K_1}{4p'}$ 包含所有的整数点 $\left(\frac{K_1}{2p'}-2y, y\right)$，$y=0, 1, 2, \cdots, m-l_1$，结

合假设，$(\lfloor x\rfloor,\lceil y\rceil)$ 和 $(\lceil x\rceil,\lfloor y\rfloor)$ 有一个点在 $y=-\frac{x}{2}+\frac{K_1}{4p'}$ 上，不妨记为 $(\lceil x\rceil,\lfloor y\rfloor)$，则 $\min\{\bar{u}^{A}(\lceil x\rceil,\lfloor y\rfloor),\bar{u}^{B}(\lceil x\rceil,\lfloor y\rfloor)\}\geqslant\frac{1}{2}$。综上，在任何一种情形下，都有正方形的一个角 (x',y') 满足 $\min\{\bar{u}^{A}(x',y'),\bar{u}^{B}(x',y')\}\geqslant\frac{1}{2}$，从而有

$$\begin{aligned}\bar{u}^{B}(x,y)_{KS,P}&\geqslant\min\{\bar{u}^{A}(x,y)_{KS,P},\bar{u}^{B}(x,y)_{KS,P}\}\\&\geqslant\min\{\bar{u}^{A}(x',y'),\bar{u}^{B}(x',y')\}\geqslant\frac{1}{2}。\end{aligned}$$ □

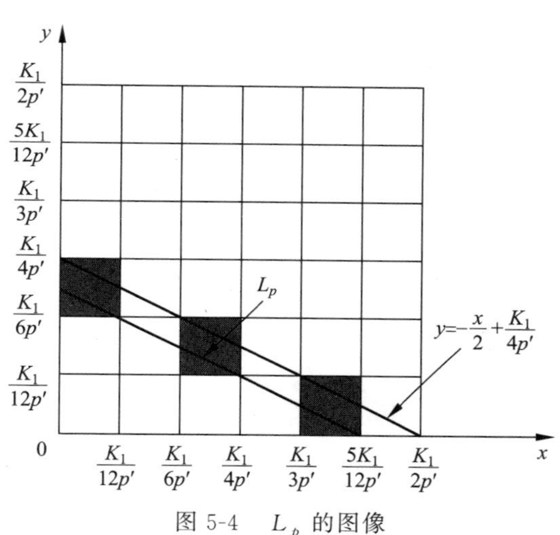

图 5-4　L_p 的图像

引理 5.12　当 $l_1>l_2$ 时，对于情形 2 下的问题 $1|d_1^{B}<d_2^{B}|(\sum C_j^{A},\sum T_j^{B})$，设 σ^* 为一个系统最优排序，$\sigma_{KS,P}$ 为一个帕累托最优的 KS 公平排序，则有 $\frac{U(\sigma^*)-U(\sigma_{KS,P})}{U(\sigma^*)}\leqslant\frac{1}{2}$。

证明：对于任何一个排序 σ，下式成立：

$$\frac{u^{A}(\sigma_{KS,P})+\gamma u^{B}(\sigma_{KS,P})}{u^{A}(\sigma)+\gamma u^{B}(\sigma)}\geqslant\frac{1}{2}。$$

下面证明

$$\min\{\bar{u}^{A}(x,y)_{KS,P},\bar{u}^{B}(x,y)_{KS,P}\}\geqslant\frac{1}{2}\tag{5.27}$$

是成立的。由引理 5.11 的后半部分证明可知，当 $\lfloor y\rfloor<-\frac{\lfloor x\rfloor}{2}+\frac{K_1}{4p'}$ 时，式(5.27)

成立；当 $\lfloor y \rfloor \geqslant -\frac{\lfloor x \rfloor}{2}+\frac{K_1}{4p'}$ 时，有 $\bar{u}^{\mathrm{B}}(\lfloor x \rfloor,\lfloor y \rfloor) \geqslant \frac{1}{2}$。从而

$$\min\{\bar{u}^{\mathrm{A}}(\lfloor x \rfloor,\lfloor y \rfloor),\bar{u}^{\mathrm{B}}(\lfloor x \rfloor,\lfloor y \rfloor)\} \geqslant \frac{1}{2},$$

则下式成立：

$$\min\{\bar{u}^{\mathrm{A}}(x,y)_{\mathrm{KS,P}},\bar{u}^{\mathrm{B}}(x,y)_{\mathrm{KS,P}}\} \geqslant \min\{\bar{u}^{\mathrm{A}}(\lfloor x \rfloor,\lfloor y \rfloor),\bar{u}^{\mathrm{B}}(\lfloor x \rfloor,\lfloor y \rfloor)\} \geqslant \frac{1}{2}。$$

又注意到，对于任何一个排序 σ，有 $u^{\mathrm{A}}(\sigma) \leqslant u^{\mathrm{A}}_{\max}=K_1$ 和 $u^{\mathrm{B}}(\sigma) \leqslant u^{\mathrm{B}}_{\max}=K_2$。再结合式(5.27)，可得 $\frac{u^{\mathrm{A}}(\sigma_{\mathrm{KS,P}})}{u^{\mathrm{A}}_{\max}} \geqslant \frac{1}{2}$ 和 $\frac{u^{\mathrm{B}}(\sigma_{\mathrm{KS,P}})}{u^{\mathrm{B}}_{\max}} \geqslant \frac{1}{2}$。结合一个事实：对于任意 4 个正整数 a、b、c、d，若 $\frac{b}{a} \geqslant q$，$\frac{d}{c} \geqslant q$，则有 $\frac{b+d}{a+c} \geqslant q$，可以得到

$$\frac{u^{\mathrm{A}}(\sigma_{\mathrm{KS,P}})+\gamma u^{\mathrm{B}}(\sigma_{\mathrm{KS,P}})}{u^{\mathrm{A}}(\sigma)+\gamma u^{\mathrm{B}}(\sigma)} \geqslant \frac{u^{\mathrm{A}}(\sigma_{\mathrm{KS,P}})+\gamma u^{\mathrm{B}}(\sigma_{\mathrm{KS,P}})}{u^{\mathrm{A}}_{\max}+\gamma u^{\mathrm{B}}_{\max}} \geqslant \frac{1}{2}。 \qquad \square$$

定理 5.11 当 $l_1 > l_2$ 且代理 B 的两个工件均误工时，问题 $1|d^{\mathrm{B}}_1 < d^{\mathrm{B}}_2|(\sum C^{\mathrm{A}}_j,\sum T^{\mathrm{B}}_j)$ 有 $\mathrm{PoF}_{\mathrm{KS}}=\frac{1}{2}$。

证明：由引理 5.12 可知，$\mathrm{PoF}_{\mathrm{KS}} \leqslant \frac{1}{2}$，下面证明这个界是紧的。考虑这样一个实例：代理 A 有 m 个工件，工件的加工时间均为 p；代理 B 有 2 个工件 p^{B}_1 和 p^{B}_2，加工时间均为 p'，且 $p<p'$。工件 p^{B}_1 和 p^{B}_2 在交货期 d^{B}_1 和 d^{B}_2 前恰好分别有 l_2 个和 l_1 个代理 A 的工件加工，并且 l_1+l_2 是一个偶数。系统效用为

$$U(x,y)=u^{\mathrm{A}}(x,y)+\gamma u^{\mathrm{B}}(x,y)=K_1+(x+2y)(\gamma p-p'),$$

当 $(x,y)=(0,0)$ 时，与之相对应的排序是一个最优排序，即 $U(\sigma^*)=K_1$。下面考虑 KS 公平排序，直线 $y=-\frac{x}{2}+\frac{K_1K_2}{2K_2p'+2K_1p}$ 上的整数点都满足 $\bar{u}^{\mathrm{A}}(x,y)=\bar{u}^{\mathrm{B}}(x,y)$。特别地，可以选择 $(x,y)=\left(\frac{2m-l_1-l_2}{2},0\right)$，容易验证与之相对应的排序是一个 KS 公平排序，则代理的效用 $u^{\mathrm{A}}\left(\frac{2m-l_1-l_2}{2},0\right)=\frac{K_1}{2}$，$u^{\mathrm{B}}\left(\frac{2m-l_1-l_2}{2},0\right)=\frac{K_2}{2}$。根据 $\mathrm{PoF}_{\mathrm{KS}}$ 的定义，当固定 p 的值，$p' \to \infty$ 时，$\frac{U(\sigma^*)-U(\sigma_{\mathrm{KS,P}})}{U(\sigma^*)}=\frac{K_1-\gamma K_2}{2K_1} \to \frac{1}{2}$。

定理 5.12　问题 $1|d_1^B<d_2^B|(\sum C_j^A,\sum T_j^B)$ 在 $l_1>l_2$ 的情形下，有 $\text{PoF}_{KS}=\frac{1}{2}$。

现在讨论 $l_1\leqslant l_2$ 情形。代理 A 工件的加工时间均为 p，代理 B 工件的加工时间为 p'，并且 $p'\geqslant p$。通过对两种不同的情形进行讨论来说明 KS 公平排序集合和公平定价的情况，并求得 $\text{PoF}_{KS}\leqslant\frac{1}{2}$。首先，给出帕累托排序解的结构如图 5-3 所示。

下面给出 $l_1\leqslant l_2$ 情形下代理 A 和代理 B 的费用函数和效用函数见表 5-3。

表 5-3　代理的费用函数和效用函数(二)

费用函数和效用函数	代理 A	代理 B
$f_{\min}^i$	$\sum_{j=1}^{m}\sum_{i=1}^{j}p_i^A$	0
$f_{\max}^i$	$f_{\min}^A+2(m-l_1)$	$2P+3p'-d_1^B-d_2^B$
$f^i(x,y)$	$f_{\min}^A+(x+2y)$	$f^B(x,y)$
$u^i(x,y)$	$K_3-(x+2y)p'$	$u^B(x,y)$
$\bar{u}^i(x,y)$	$\frac{K_3-(x+2y)p'}{K_3}$	$\bar{u}^B(x,y)$

令 $K_3=u_{\max}^A=2(m-l_1)p'$，$K_2=u_{\max}^B=2P+3p'-d_1^B-d_2^B$。为了保证 $K_2>0$，不妨假设 $l_2\leqslant m-1$。表 5-3 中关于代理 B 的效用函数，需要分为两种情形给出如下。

情形 1　当 $l_1=l_2$ 时，类似地，首先给出相应的费用函数：

$$f^B(x,y)=\begin{cases}0,\ x=0,y=m-l_1\\ \sum_{i=1}^{m-y}p_i^A+2p'-d_2^B,\ 0<x\leqslant m-l_1,y=m-l_1-x\\ \sum_{i=1}^{m-x-y}p_i^A+\sum_{i=1}^{m-y}p_i^A+3p'-d_1^B-d_2^B,\ 0\leqslant x<m-l_1,y<m-l_1-x\end{cases},$$

进而求出对应的效用函数如下：

$$u^B(x,y)=\begin{cases}K_2,\ x=0,y=m-l_1\\ P+P_y+p'-d_1^B,\ 0<x\leqslant m-l_1,y=m-l_1-x\\ P_x+2P_y,\ 0\leqslant x<m-l_1,y<m-l_1-x\end{cases},$$

则标准化效用函数可表示为

$$\bar{u}^{\mathrm{B}}(x,y)=\begin{cases}1, x=0, y=m-l_1\\ \dfrac{P+P_y+p'-d_1^{\mathrm{B}}}{K_2}, 0<x\leqslant m-l_1, y=m-l_1-x\\ \dfrac{P_x+2P_y}{K_2}, 0\leqslant x<m-l_1, y<m-l_1-x\end{cases}。$$

现在分以下 3 种子情形分析 KS 公平排序和公平定价的值。

(1) $x=0, y=m-l_1$。两代理的标准化效用为 $\bar{u}^{\mathrm{A}}(0,m-l_1)=0$，$\bar{u}^{\mathrm{B}}(0,m-l_1)=1$。这种情形下与 $(0,m-l_1)$ 相对应的排序是最为平常的一种公平排序，从而有 $\mathrm{PoF_{KS}}=0$。

(2) $0<x\leqslant m-l_1, y=m-l_1-x$。此时两代理的标准化效用分别为

$$\bar{u}^{\mathrm{A}}(x,m-l_1-x)=\frac{K_3-xp'-2(m-l_1-x)p'}{K_3}=\frac{xp'}{K_3},$$

$$\bar{u}^{\mathrm{B}}(x,m-l_1-x)=\frac{(2m-l_1-x)p+p'-d_1^{\mathrm{B}}}{K_2}。$$

系统效用可以表示成 $U(x,m-l_1-x)=xp'+\gamma[(2m-l_1-x)p+p'-d_1^{\mathrm{B}}]$，则当 $x=m-l_1$ 时，系统的效用达到最大。令 $\bar{u}^{\mathrm{A}}(x,m-l_1-x)=\bar{u}^{\mathrm{B}}(x,m-l_1-x)$，可以得到二者的交点

$$x_0=\frac{K_3[(2m-l_1)p+p'-d_1^{\mathrm{B}}]}{K_3p+K_2p'}\geqslant\frac{(2m-l_1)p+p'-d_1^{\mathrm{B}}}{2p}>m-l_1-\frac{1}{2}。$$

如果 $x_0\geqslant m-l_1$，则 $x_{\mathrm{KS}}=m-l_1$，从而得到 $\mathrm{PoF_{KS}}=0$；如果 $m-l_1-\frac{1}{2}<x_0<m-l_1$，则 $x_{\mathrm{KS}}=\lfloor x_0\rfloor$ 或 $x_{\mathrm{KS}}=\lceil x_0\rceil$。由 KS 公平的定义可知，这取决于

$$\min\{\bar{u}^{\mathrm{A}}(\lfloor x_0\rfloor,m-l_1-\lfloor x_0\rfloor),\bar{u}^{\mathrm{B}}(\lfloor x_0\rfloor,m-l_1-\lfloor x_0\rfloor)\}$$

与

$$\min\{\bar{u}^{\mathrm{A}}(\lceil x_0\rceil,m-l_1-\lceil x_0\rceil),\bar{u}^{\mathrm{B}}(\lceil x_0\rceil,m-l_1-\lceil x_0\rceil)\}$$

的大小关系。经过计算可以得到 $x_{\mathrm{KS}}=\lceil x_0\rceil=m-l_1$，从而得 $\mathrm{PoF_{KS}}=0$。

(3) $0\leqslant x<m-l_1, y<m-l_1-x$。这一取值范围可等价转换成 $0\leqslant x<m-l_1, 0\leqslant y<m-l_1$ 和 $0\leqslant x+y<m-l_1$。此时有 $\bar{u}^{\mathrm{A}}(x,y)=\frac{K_3-(x+2y)p'}{K_3}$，$\bar{u}^{\mathrm{B}}(x,y)=\frac{(x+2y)p}{K_2}$。注意到在这种情形下得到的排序都是帕累托最优排序。此种情形可以仿照上文 $l_1>l_2$ 部分中的情形 2，推得 $\mathrm{PoF_{KS}}\leqslant\frac{1}{2}$。

定理 5.13　对于 $l_1=l_2$ 情形下的问题 $1|d_1^{\mathrm{B}}<d_2^{\mathrm{B}}|(\sum C_j^{\mathrm{A}},\sum T_j^{\mathrm{B}})$，可以得到 $\mathrm{PoF_{KS}}\leqslant\frac{1}{2}$。

情形 2　当 $l_1<l_2$ 时，同样地，首先给出代理 B 的费用函数：

$$f^{\mathrm{B}}(x,y)=\begin{cases}0,\ x=0,y=m-l_1\\ \sum_{i=1}^{m-y}p_i^{\mathrm{A}}+2p'-d_2^{\mathrm{B}},\ m-l_2\leqslant x+y<m-l_1\\ \sum_{i=1}^{m-x-y}p_i^{\mathrm{A}}+\sum_{i=1}^{m-y}p_i^{\mathrm{A}}+3p'-d_1^{\mathrm{B}}-d_2^{\mathrm{B}},\ 0\leqslant x+y<m-l_2\end{cases},$$

从而得到代理 B 的相应的效用函数：

$$u^{\mathrm{B}}(x,y)=\begin{cases}K_2,\ x=0,y=m-l_1\\ P+P_y+p'-d_1^{\mathrm{B}},\ m-l_2\leqslant x+y<m-l_1,\\ P_x+2P_y,\ 0\leqslant x+y<m-l_2\end{cases}$$

可以求出标准化效用函数为

$$\bar{u}^{\mathrm{B}}(x,y)=\begin{cases}1,\ x=0,y=m-l_1\\ \dfrac{P+P_y+p'-d_1^{\mathrm{B}}}{K_2},\ m-l_2\leqslant x+y<m-l_1\\ \dfrac{P_x+2P_y}{K_2},\ 0\leqslant x+y<m-l_2\end{cases}。$$

下面分 3 种子情形分别讨论 KS 公平排序集合和公平定价的情况。

(1) $x=0,y=m-l_1$。两个代理的标准化效用为 $\bar{u}^{\mathrm{A}}(0,m-l_1)=0$，$\bar{u}^{\mathrm{B}}(0,m-l_1)=1$。这种情形下与 $(0,m-l_1)$ 相对应的排序是最为平常的一种公平排序，从而有 $\mathrm{PoF_{KS}}=0$。

(2) $m-l_2\leqslant x+y<m-l_1$。注意到在这种情形下，代理 B 的两个工件应该连续加工，即 $x=0,m-l_2\leqslant y<m-l_1$，则得代理的标准化效用为 $\bar{u}^{\mathrm{A}}(0,y)=\dfrac{K_3-2yp'}{K_3}$，$\bar{u}^{\mathrm{B}}(0,y)=\dfrac{(m+y)p+p'-d_1^{\mathrm{B}}}{K_2}$。系统效用可以表示成 $U(0,y)=K_3-2yp'+\gamma[(m+y)p+p'-d_1^{\mathrm{B}}]$，易得 $U(\sigma^*)=U(0,m-l_2)$。令 $\bar{u}^{\mathrm{A}}(0,y)=\bar{u}^{\mathrm{B}}(0,y)$，得到两者的交点 $y_0=\dfrac{K_2K_3-K_3(mp+p'-d_1^{\mathrm{B}})}{K_3p+2K_2p'}$。已知 y 的取值范围为 $m-l_2\leqslant y<m-l_1$，可以证明 $y_0<\dfrac{m-l_1}{2}$ 是成立的，从而有 $y_{\mathrm{KS}}\leqslant\dfrac{m-l_1}{2}$。

下面说明 $\mathrm{PoF_{KS}} \leqslant \frac{1}{2}$ 是成立的。如果 $y_0 \leqslant m-l_2$，则与 $(0, m-l_2)$ 相对应的排序是一个 KS 公平排序，从而得 $\mathrm{PoF_{KS}}=0$；如果 $y_0 > m-l_2$，则 $m-l_2 \leqslant y_{\mathrm{KS}} \leqslant \frac{m-l_1}{2}$。下面证明对于任何一个 KS 公平排序，

$$\frac{U(\sigma^*)-U(\sigma_{\mathrm{KS,P}})}{U(\sigma^*)} < \frac{1}{2}$$

成立。上式可等价转换成证明

$$\frac{K_3-2y_{\mathrm{KS}}p'+\gamma[(m+y_{\mathrm{KS}})p+p'-d_1^{\mathrm{B}}]}{K_3-2(m-l_2)p'+\gamma[(2m-l_2)p+p'-d_1^{\mathrm{B}}]} > \frac{1}{2}。\tag{5.28}$$

将式(5.28)进行整理可得，只需证明下式成立：

$$K_3+2(m-l_2)p'-4y_{\mathrm{KS}}p'+\gamma[(l_2+2y_{\mathrm{KS}})p+p'-d_1^{\mathrm{B}}] > 0。$$

结合 $m-l_2 \leqslant y_{\mathrm{KS}} \leqslant \frac{m-l_1}{2}$ 可知，$K_3+2(m-l_2)p'-4y_{\mathrm{KS}}p' > 0$。而 $l_2 \leqslant m-1$，所以

$$(l_2+2y_{\mathrm{KS}})p+p'-d_1^{\mathrm{B}} > (2y_{\mathrm{KS}}-1)p \geqslant p > 0$$

成立。则式(5.28)是成立的，从而 $\mathrm{PoF_{KS}} \leqslant \frac{1}{2}$。

(3) $0 \leqslant x+y < m-l_2$。此时 $\bar{u}^{\mathrm{A}}(x,y)=\frac{K_3-(x+2y)p'}{K_3}$，$\bar{u}^{\mathrm{B}}(x,y)=\frac{(x+2y)p}{K_2}$。注意到在这种情形下得到的排序都是帕累托最优排序。此种情形的证明类似于 5.3 节中的情形 2，推得 $\mathrm{PoF_{KS}} \leqslant \frac{1}{2}$。所以有下面的结论。

定理 5.14 对于 $l_1 < l_2$ 情形下的问题 $1|d_1^{\mathrm{B}} < d_2^{\mathrm{B}}|\left(\sum C_j^{\mathrm{A}}, \sum T_j^{\mathrm{B}}\right)$，可以得到 $\mathrm{PoF_{KS}} \leqslant \frac{1}{2}$。

综上，有以下结论。

定理 5.15 对于问题 $1|d_1^{\mathrm{B}} < d_2^{\mathrm{B}}|\left(\sum C_j^{\mathrm{A}}, \sum T_j^{\mathrm{B}}\right)$，有 $\mathrm{PoF_{KS}}=\frac{1}{2}$。

5.5 极小化 $\left(\sum C_j^{\mathrm{A}}, \sum (E_j^{\mathrm{B}}+\alpha T_j^{\mathrm{B}})\right)$ 的公平定价问题

本节讨论基于排序 $1||\left(\sum C_j^{\mathrm{A}}, \sum (E_j^{\mathrm{B}}+\alpha T_j^{\mathrm{B}})\right)$ 的 KS 公平标准下的公平定价问题，其中代理 B 考虑的优化指标是在准时排序下最小化总的提前和延

误费用,即总惩罚费用。同样,根据 l_1 和 l_2 的大小关系分类研究了 KS 标准下的公平定价的问题,最后得出公平定价值的上界小于 $\frac{3}{4}$,即 $\mathrm{PoF}_{\mathrm{KS}} < \frac{3}{4}$。

为了更好地刻画目标为 $\left(\sum C_j^{\mathrm{A}}, \sum (E_j^{\mathrm{B}} + \alpha T_j^{\mathrm{B}})\right)$ 的帕累托排序结构(见图 5-3),引入两个变量 x、y,其中,x 表示 p_1^{B} 和 p_2^{B} 之间的代理 A 的工件个数,y 表示 p_2^{B} 之后的代理 A 的工件个数,则 $\sigma(x,y)$ 表示与 (x,y) 相对应的排序,其中 x 和 y 均为整数。

由于代理 B 工件交货的特殊性,即使在最优排序下,也会出现无法准时交货的情况,参见图 5-5。

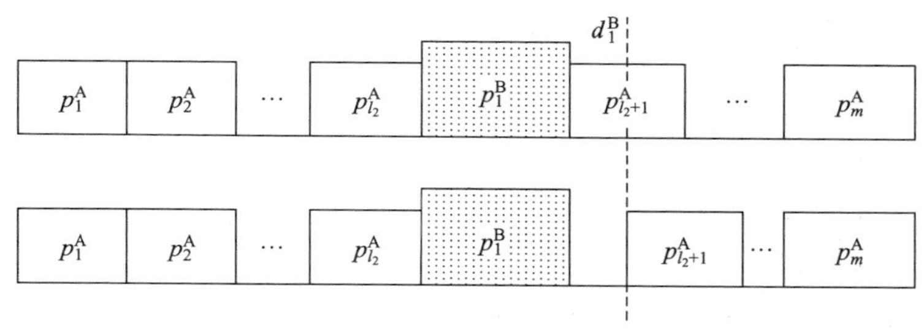

图 5-5　排序结构

假设代理 A 工件的加工时间均为 p,工件的个数 m 是一个很大的数,并且代理 B 工件的加工时间为 $p_1^{\mathrm{B}} = p_2^{\mathrm{B}} = p'$,且 $p' \geqslant 2p$。令 $d_1^{\mathrm{B}} = p_1^{\mathrm{B}} + l_2 p$ 和 $d_2^{\mathrm{B}} = p_1^{\mathrm{B}} + p_1^{\mathrm{B}} + l_1 p$。下面给出一个重要的引理。

引理 5.13　当 $l_1 \geqslant l_2$ 时,在最优排序中代理 B 的工件是可以准时进行交工的,即 $\sum (E_j^{\mathrm{B}} + \alpha T_j^{\mathrm{B}}) = 0$。

首先,考虑 $l_1 > l_2$ 的情形。借助上一节中的 KS-算法可以找到所有帕累托最优的 KS 公平排序,下面证明 $\mathrm{PoF}_{\mathrm{KS}} \leqslant \frac{1}{2}$。

根据图 5-3 中 $\sigma(x,y)$ 的结构,给出两个代理的费用函数和效用函数,见表 5-4。

表 5-4　代理的费用函数和效用函数(三)

费用函数和效用函数	代理 A	代理 B
$f_{\min}^{i}$	$\sum_{j=1}^{m}\sum_{i=1}^{j} p_i^{\mathrm{A}}$	0
$f_{\max}^{i}$	$f_{\min}^{\mathrm{A}} + (m - l_2)p' + (m - l_1)p'$	$\alpha(2P + 3p' - d_1^{\mathrm{B}} - d_2^{\mathrm{B}})$
$f^{i}(x,y)$	$f_{\min}^{\mathrm{A}} + xp' + 2yp'$	$f^{\mathrm{B}}(x,y)$

续表

费用函数和效用函数	代理 A	代理 B
$u^i(x,y)$	$K_1-(x+2y)p'$	$u^B(x,y)$
$\bar{u}^i(x,y)$	$\dfrac{K_1-(x+2y)p'}{K_1}$	$\bar{u}^B(x,y)$

其中，$K_1=u_{\max}^A=(m-l_2)p'+(m-l_1)p'$。令 $K_4=u_{\max}^B=\alpha(2P+3p'-d_1^B-d_2^B)$。代理 B 的费用函数分类给出如下：

$$f^B(x,y)=\begin{cases}0,\ x=l_1-l_2,y=m-l_1\\ \alpha\left(\sum\limits_{i=1}^{m-y}p_i^A+2p'-d_2^B\right),\ x=m-l_2-y,y<m-l_1\\ \alpha\left(\sum\limits_{i=1}^{m-x-y}p_i^A+p'-d_1^B\right),\ x<l_1-l_2,y=m-l_1\\ \alpha\left(\sum\limits_{i=1}^{m-x-y}p_i^A+\sum\limits_{i=1}^{m-y}p_i^A+3p'-d_1^B-d_2^B\right),\ x<m-l_2-y,y<m-l_1\end{cases},$$

根据定义 5.1 可以求得代理 B 的效用函数为

$$u^B(x,y)=\begin{cases}K_4,\ x=l_1-l_2,y=m-l_1\\ \alpha(P+P_y+p'-d_1^B),\ x=m-l_2-y,y<m-l_1\\ \alpha(P+P_y+P_x+2p'-d_2^B),\ x<l_1-l_2,y=m-l_1\\ \alpha(P_x+2P_y),\ x<m-l_2-y,y<m-l_1\end{cases},$$

由式(5.4)可以得到代理 B 的标准化效用函数为

$$\bar{u}^B(x,y)=\begin{cases}1,\ x=l_1-l_2,y=m-l_1\\ \dfrac{\alpha(P+P_y+p'-d_1^B)}{K_4},\ x=m-l_2-y,y<m-l_1\\ \dfrac{\alpha(P+P_y+P_x+2p'-d_2^B)}{K_4},\ x<l_1-l_2,y=m-l_1\\ \dfrac{\alpha(P_x+2P_y)}{K_4},\ x<m-l_2-y,y<m-l_1\end{cases}。$$

下面针对 $l_1>l_2$ 情形下的 4 种子情形分析和研究公平定价的情况。

(1) $x=l_1-l_2,y=m-l_1$。

两代理的标准化效用分别为 $\bar{u}^A(l_1-l_2,m-l_1)=0$，$\bar{u}^B(l_1-l_2,m-l_1)=1$。这种情形下与 $(l_1-l_2,m-l_1)$ 相对应的排序是最平常的公平排序，从而有 $\mathrm{PoF}_{KS}=0$。

(2) $x=m-l_2-y, y<m-l_1$。

两代理的标准化效用函数分别为

$$\bar{u}^{A}(m-l_2-y,y)=\frac{(m-l_1-y)p'}{K_1},$$

$$\bar{u}^{B}(m-l_2-y,y)=\frac{\alpha[(m+y)p+p'-d_1^{B}]}{K_4}=\frac{\alpha(m-l_2+y)p}{K_4}。$$

另外,注意到当 y 从 0 变为 $m-l_1-1$ 时,$\bar{u}^{A}$ 的值从 $\frac{(m-l_1)p'}{K_1}$ 递减到 $\frac{p'}{K_1}$;$\bar{u}^{B}$ 的值从 $\frac{\alpha(mp+p'-d_1^{B})}{K_4}$ 递增到 $\frac{\alpha[(2m-l_1-1)p+p'-d_1^{B}]}{K_4}$。当 $x=m-l_2-y, y<m-l_1$ 时,由于 $\bar{u}^{A}(m-l_2-y,y)<\bar{u}^{B}(m-l_2-y,y)$,所以 $\bar{u}^{A}(m-l_2-y,y)$ 与 $\bar{u}^{B}(m-l_2-y,y)$ 没有交点,则与 $(m-l_2,0)$ 相对应的排序是一个 KS 公平排序。同时,与 $(m-l_2,0)$ 相对应的排序也是一个系统最优排序,从而得到 $\mathrm{PoF}_{\mathrm{KS}}=0$。

(3) $x<l_1-l_2, y=m-l_1$。

此时,两代理的标准化效用函数表达式分别表示为

$$\bar{u}^{A}(x,m-l_1)=\frac{(l_1-l_2-x)p'}{K_1},$$

$$\bar{u}^{B}(x,m-l_1)=\frac{\alpha[(2m-l_1+x)p+2p'-d_2^{B}]}{K_4}。$$

根据系统效用的定义 5.2,可得该排序模型下的系统效用为

$$U(x,m-l_1)=(l_1-l_2-x)p'+\gamma\alpha[(2m-l_1+x)p+2p'-d_2^{B}]。$$

当 $x=0$ 时,得到最优系统效用为

$$U(\sigma^*)=U(0,m-l_1)=(l_1-l_2)p'+\gamma\alpha[(2m-l_1)p+2p'-d_2^{B}],$$

从而,与 $(0,m-l_1)$ 相对应的排序是一个系统最优排序。

令 $\bar{u}^{A}(x,m-l_1)=\bar{u}^{B}(x,m-l_1)$,则可以得到两者的交点,不妨记为 x_0,再结合 $l_1\leqslant\frac{2}{3}m<m-1$,有 $x_0=\frac{l_1-l_2}{2}-(m-l_1)\leqslant\frac{l_1-l_2}{2}-1$。如果 $x_0=0$,则与 $(0,m-l_1)$ 相对应的排序不仅是一个系统最优排序,也是一个 KS 公平排序,从而有 $\mathrm{PoF}_{\mathrm{KS}}=0$;如果 $x_0>0$,则得到 $0\leqslant x_{\mathrm{KS}}\leqslant\lceil x_0\rceil\leqslant\frac{l_1-l_2}{2}$。

下面证明对于任何一个 KS 公平排序,式

$$\frac{U(\sigma^*)-U(\sigma_{\mathrm{KS,P}})}{U(\sigma^*)}\leqslant\frac{1}{2}$$

成立。上式可等价转换成证明

$$\frac{(l_1-l_2-x_{\mathrm{KS}})p'+\gamma\alpha[(2m-l_1+x_{\mathrm{KS}})p+2p'-d_2^{\mathrm{B}}]}{(l_1-l_2)p'+\gamma\alpha[(2m-l_1)p+2p'-d_2^{\mathrm{B}}]}\geqslant\frac{1}{2} \tag{5.29}$$

成立。经整理可知,只需证明不等式

$$(l_1-l_2-2x_{\mathrm{KS}})p'+\gamma\alpha[(2m-l_1+2x_{\mathrm{KS}})p+2p'-d_2^{\mathrm{B}}]\geqslant 0$$

成立即可。结合 $x_{\mathrm{KS}}\leqslant\frac{l_1-l_2}{2}$ 可知,$l_1-l_2-2x_{\mathrm{KS}}\geqslant 0$。又因为 $l_1\leqslant m-2$,所以

$$\gamma\alpha[(2m-l_1+2x_{\mathrm{KS}})p+2p'-d_2^{\mathrm{B}}]\geqslant 2\gamma\alpha(m-l_1+x_{\mathrm{KS}})p-p\geqslant 0$$

成立,从而式(5.29)成立。

(4) $x<m-l_2-y$,$y<m-l_1$。

上述取值范围可等价转换为 $0\leqslant x<m-l_2$,$0\leqslant y<m-l_2$ 和 $0\leqslant x+y<m-l_2$。注意到该情形下的排序都是帕累托最优排序。两个代理的标准化效用函数分别为

$$\bar{u}^{\mathrm{A}}(x,y)=\frac{K_1-(x+2y)p'}{K_1},\bar{u}^{\mathrm{B}}(x,y)=\frac{(x+2y)p}{K_4}。$$

根据 5.2 节情形 2 中分析得出的结果可知,利用 KS-算法可以找到所有的 KS 公平排序,同样选择这样一条直线 $y=-\frac{x}{2}+\frac{K_1}{4p'}$,从而可推得 $\mathrm{PoF_{KS}}\leqslant\frac{1}{2}$。

定理 5.16　当 $l_1>l_2$ 时,对于问题 $1\|\left(\sum C_j^{\mathrm{A}},\sum(E_j^{\mathrm{B}}+\alpha T_j^{\mathrm{B}})\right)$,有 $\mathrm{PoF_{KS}}\leqslant\frac{1}{2}$。

下面考虑 $l_1=l_2$ 的情形。根据帕累托排序解的结构,给出 $l_1=l_2$ 情形下两个代理的费用函数和效用函数,如表 5-5 所示。

表 5-5　代理的费用函数和效用函数(四)

费用函数和效用函数	代理 A	代理 B
$f_{\min}^i$	$\sum_{j=1}^{m}\sum_{i=1}^{j}p_i^{\mathrm{A}}$	0
$f_{\max}^i$	$f_{\min}^{\mathrm{A}}+2(m-l_1)p'$	$\alpha(2P+3p'-d_1^{\mathrm{B}}-d_2^{\mathrm{B}})$
$f^i(x,y)$	$f_{\min}^{\mathrm{A}}+(x+2y)p'$	$f^{\mathrm{B}}(x,y)$
$u^i(x,y)$	$K_3-(x+2y)p'$	$u^{\mathrm{B}}(x,y)$
$\bar{u}^i(x,y)$	$\frac{K_3-(x+2y)p'}{K_3}$	$\bar{u}^{\mathrm{B}}(x,y)$

其中，$K_3 = u_{\max}^{A} = 2(m - l_1)p'$。

首先给出代理 B 的费用函数：

$$f^{B}(x,y)=\begin{cases}0,\ x=0, y=m-l_1\\ \alpha\left(\sum_{i=1}^{m-y} p_i^{A}+2p'-d_2^{B}\right),\ 0<x\leqslant m-l_1, y=m-l_1-x\\ \alpha\left(\sum_{i=1}^{m-x-y} p_i^{A}+\sum_{i=1}^{m-y} p_i^{A}+3p'-d_1^{B}-d_2^{B}\right),\ 0\leqslant x<m-l_1, y<m-l_1-x\end{cases},$$

根据定义 5.1 求得代理 B 的效用函数为

$$u^{B}(x,y)=\begin{cases}K_4,\ x=0, y=m-l_1\\ \alpha(P+P_y+p'-d_1^{B}),\ 0<x\leqslant m-l_1, y=m-l_1-x\\ \alpha(P_x+2P_y),\ 0\leqslant x<m-l_1, y<m-l_1-x\end{cases},$$

由式(5.4)可得代理 B 的标准化效用函数为

$$u^{B}(x,y)=\begin{cases}1,\ x=0, y=m-l_1\\ \dfrac{\alpha(P+P_y+p'-d_1^{B})}{K_4},\ 0<x\leqslant m-l_1, y=m-l_1-x\\ \dfrac{\alpha(P_x+2P_y)}{K_4},\ 0\leqslant x<m-l_1, y<m-l_1-x\end{cases}。$$

下面针对以下 3 种情形分析 KS 公平排序和公平定价的值。

(1) $x=0, y=m-l_1$。

此时，代理的标准化效用函数分别为 $\bar{u}^{A}(0,m-l_1)=0$，$\bar{u}^{B}(0,m-l_1)=1$。这种情形下与 $(0,m-l_1)$ 相对应的排序是最平常的一种公平排序，从而可以得到 $\mathrm{PoF}_{\mathrm{KS}}=0$。

(2) $0<x\leqslant m-l_1, y=m-l_1-x$。

在该取值范围下，两个代理的标准化效用函数分别为

$$\bar{u}^{A}(x,m-l_1-x)=\frac{K_3-xp'-2(m-l_1-x)p'}{K_3}=\frac{xp'}{K_3},$$

$$\bar{u}^{B}(x,m-l_1-x)=\frac{\alpha\left[(2m-l_1-x)p+p'-d_1^{B}\right]}{K_4}。$$

根据定义 5.2 可将系统效用表示为

$$U(x,m-l_1-x)=xp'+\gamma\alpha\left[(2m-l_1-x)p+p'-d_1^{B}\right],$$

则当 $x=m-l_1$ 时，系统效用的最大值为

$$U(\sigma^{*})=(m-l_1)p'+\gamma\alpha(m-l_1)p。$$

令 $\bar{u}^{A}(x, m-l_1-x)=\bar{u}^{B}(x, m-l_1-x)$，可以得到二者的交点 $x_0=m-l_1$，则 $x_{KS}=m-l_1$。那么与 $(0, m-l_1)$ 相对应的排序不仅是一个系统最优排序，也是一个 KS 公平排序，从而有 $\mathrm{PoF}_{KS}=0$。

(3) $0 \leqslant x < m-l_1, y < m-l_1-x$。

该取值范围可等价转换成 $0 \leqslant x < m-l_1, 0 \leqslant y < m-l_1$ 和 $0 \leqslant x+y < m-l_1$。此时两个代理的标准化效用函数分别为

$$\bar{u}^{A}(x, y)=\frac{K_3-(x+2y)p'}{K_3},$$

$$\bar{u}^{B}(x, y)=\frac{\alpha(x+2y)p}{K_4}。$$

注意到在这种情形下得到的排序都是帕累托最优排序。此种情形同样地仿照 5.2 节中 $l_1=l_2$ 的情形，利用 KS-算法 1 可以找到所有的 KS 公平排序，从而推得 $\mathrm{PoF}_{KS} \leqslant \frac{1}{2}$。

定理 5.17 在 $l_1=l_2$ 情形下，对于问题 $1||\left(\sum C_j^A, \sum(E_j^B+\alpha T_j^B)\right)$，有 $\mathrm{PoF}_{KS} \leqslant \frac{1}{2}$。

最后考虑在 $l_1<l_2$ 情形下，对于问题 $1||\left(\sum C_j^A, \sum(E_j^B+\alpha T_j^B)\right)$，有 $\mathrm{PoF}_{KS} < \frac{3}{4}$。

根据帕累托排序解的结构，给出 $l_1<l_2$ 情形下代理 A 和代理 B 的费用函数和效用函数，如表 5-6 所示。

表 5-6 代理的费用函数和效用函数(五)

费用函数和效用函数	代理 A	代理 B
$f^i_{\min}$	$\sum_{j=1}^{m}\sum_{i=1}^{j} p_i^A$	$d_1^B-p'-l_1 p$
$f^i_{\max}$	$f^A_{\min}+2(m-l_1)p'$	$\alpha(2P+3p'-d_1^B-d_2^B)$
$f^i(x, y)$	$f^A_{\min}+(x+2y)p'$	$f^B(x, y)$
$u^i(x, y)$	$K_3-(x+2y)p'$	$u^B(x, y)$
$\bar{u}^i(x, y)$	$\frac{K_3-(x+2y)p'}{K_3}$	$\bar{u}^B(x, y)$

其中，$K_3=u^A_{\max}=2(m-l_1)p'$。令 $K_5=u^B_{\max}=\alpha(2P+3p'-d_1^B-d_2^B)-(l_2-l_1)p$。

同样地，先给出代理 B 的费用函数：

$$f^{\mathrm{B}}(x,y)=\begin{cases}d_1^{\mathrm{B}}-p'-\sum\limits_{i=1}^{m-x-y}p_i^{\mathrm{A}},\ x=0,y=m-l_1\\ d_1^{\mathrm{B}}-p'-\sum\limits_{i=1}^{m-x-y}p_i^{\mathrm{A}}+\alpha\left(\sum\limits_{i=1}^{m-y}p_i^{\mathrm{A}}+2p'-d_2^{\mathrm{B}}\right),\ m-l_2<x+y<m-l_1\\ \alpha\left(\sum\limits_{i=1}^{m-y}p_i^{\mathrm{A}}+2p'-d_2^{\mathrm{B}}\right),\ x+y=m-l_2\\ \alpha\left(\sum\limits_{i=1}^{m-x-y}p_i^{\mathrm{A}}+\sum\limits_{i=1}^{m-x}p_i^{\mathrm{A}}+3p'-d_1^{\mathrm{B}}-d_2^{\mathrm{B}}\right),\ 0\leqslant x+y<m-l_2\end{cases},$$

根据定义 5.1 求得代理 B 的效用函数为

$$u^{\mathrm{B}}(x,y)=\begin{cases}K_5,\ x=0,y=m-l_1\\ \alpha(P+P_y+p'-d_1^{\mathrm{B}})-\left(d_1^{\mathrm{B}}-p'-\sum\limits_{i=1}^{m-x-y}p_i^{\mathrm{A}}\right),\ m-l_2<x+y<m-l_1\\ \alpha(P+P_y+p'-d_1^{\mathrm{B}}),\ x+y=m-l_2\\ \alpha(P_x+2P_y),\ 0\leqslant x+y<m-l_2\end{cases},$$

由式(5.4)可得代理 B 的标准化效用函数为

$$\bar{u}^{\mathrm{B}}(x,y)=\begin{cases}1,\ x=0,y=m-l_1\\ \dfrac{\alpha(P+P_y+p'-d_1^{\mathrm{B}})-\left(d_1^{\mathrm{B}}-p'-\sum\limits_{i=1}^{m-x-y}p_i^{\mathrm{A}}\right)}{K_5},\ m-l_2<x+y<m-l_1\\ \dfrac{\alpha(P+P_y+p'-d_1^{\mathrm{B}})}{K_5},\ x+y=m-l_2\\ \dfrac{\alpha(P_x+2P_y)}{K_5},\ 0\leqslant x+y<m-l_2\end{cases}。$$

下面针对以下 4 种情形分析 KS 公平排序和公平定价的值。

(1) $x=0,y=m-l_1$。

此时，两个代理的标准化效用分别为 $\bar{u}^{\mathrm{A}}(0,m-l_1)=0,\bar{u}^{\mathrm{B}}(0,m-l_1)=1$。这种情形下与 $(0,m-l_1)$ 相对应的排序是最平常的一种公平排序，从而有 $\mathrm{PoF_{KS}}=0$。

(2) $m-l_2<x+y<m-l_1$。

注意，此时代理 B 的两个工件应连续加工，即 $x=0,m-l_2<y<m-l_1$。两个代理的标准化效用函数分别为

$$\bar{u}^{A}(0,y)=\frac{K_3-2yp'}{K_3},$$

$$\bar{u}^{B}(0,y)=\frac{\alpha(m-l_2+y)p+(m-l_2-y)p}{K_5}。$$

根据定义 5.2 可将系统效用表示为

$$U(0,y)=K_3-2yp'+\gamma[\alpha(m-l_2+y)p+(m-l_2-y)p]。$$

容易验证系统的最优效用在 $(0,m-l_2-1)$ 处取到,则有

$$\begin{aligned}U(\sigma^*)&=U(0,m-l_2-1)\\&=K_3-2(m-l_2-1)p'+\gamma[2\alpha(m-l_2)p-p]。\end{aligned}$$

根据 $\bar{u}^{A}(0,y)$ 和 $\bar{u}^{B}(0,y)$ 的单调性可知,$\bar{u}^{A}(0,y)$ 随 y 的增加而减少,而 $\bar{u}^{B}(0,y)$ 随 y 的增加而增加。令 $\bar{u}^{A}(0,y)=\bar{u}^{B}(0,y)$,两者的交点不妨记为 y_0,并且有

$$y_0=\frac{K_3K_5-K_3(\alpha+1)(m-l_2)p}{2K_5p'+(\alpha-1)K_3p}。$$

现在证明 $y_0<\frac{m-l_1}{2}$ 成立。如果要证明

$$y_0=\frac{K_3K_5-K_3(\alpha+1)(m-l_2)p}{2K_5p'+(\alpha-1)K_3p}<\frac{m-l_1}{2}$$

成立,只需证明

$$2K_3K_5-2K_3(\alpha+1)(m-l_2)p<K_3K_5+(\alpha-1)(m-l_1)K_3p$$

成立。进一步简化,只需证明

$$\begin{aligned}K_3K_5<{}&K_3\{\alpha[(m-l_1)p+(m-l_2)p]-(l_2-l_1)p\}+\\&K_3(\alpha+1)(m-l_2)p\end{aligned}\tag{5.30}$$

成立。式(5.30)的右边等于 $K_3K_5+K_3(\alpha+1)(m-l_2)p$,因此式(5.30)成立,从而 $y_0<\frac{m-l_1}{2}$ 成立。如果 $\frac{m-l_1}{2}$ 是整数,则 $y_{KS}\leqslant\frac{m-l_1}{2}$;否则,有 $y_{KS}\leqslant\frac{m-l_1+1}{2}$。接下来证明对于该取值范围内任何一个 KS 公平排序,

$$\frac{U(\sigma^*)-U(\sigma_{KS,P})}{U(\sigma^*)}\leqslant\frac{1}{2}$$

成立。上式可等价转换成证明

$$\frac{K_3-2y_{KS}p'+\gamma[\alpha(m-l_2+y_{KS})p+(m-l_2-y_{KS})p]}{K_3-2(m-l_2-1)p'+\gamma[2\alpha(m-l_2)p-p]}\geqslant\frac{1}{2}。\tag{5.31}$$

进一步简化,只需证明

$$K_3 + 2(m - l_2 - 1)p' - 4y_{KS}p' + \gamma[2(\alpha - 1)y_{KS}p + 2(m - l_2)p + p] \geqslant 0。\tag{5.32}$$

现在将式(5.32)分为两部分来证明。首先分析式(5.32)的前半部分,结合 $y_{KS} \leqslant \frac{m - l_1 + 1}{2}$ 和 $l_2 \leqslant m - 2$,可知

$$\begin{aligned} K_3 + 2(m - l_2 - 1)p' - 4y_{KS}p' &\geqslant K_3 + 2(m - l_2 - 1)p' - 2(m - l_1 - 1)p' \\ &\geqslant K_3 + 4p' - 2(m - l_1)p' - 4p' \\ &= 0 \end{aligned}$$

成立,所以式(5.32)的前半部分是大于等于零的。由于 $\alpha = 2$,所以式(5.32)的后半部分显然是大于零的。

综上,式(5.32)是成立的,从而有 $\mathrm{PoF}_{KS} \leqslant \frac{1}{2}$。

(3) $x + y = m - l_2$。

上述取值范围可等价转换为 $0 \leqslant x \leqslant m - l_2$,$y = m - l_2 - x$,此时代理 B 的工件 p_2^B 误工,两个代理的标准化效用函数分别为

$$\bar{u}^A(x, m - l_2 - x) = \frac{2(l_2 - l_1)p' + xp'}{K_3},$$

$$\bar{u}^B(x, m - l_2 - x) = \frac{\alpha(2m - 2l_2 - x)p}{K_5}。$$

令 $\bar{u}^A(x, m - l_2 - x) = \bar{u}^B(x, m - l_2 - x)$,则将两者的交点记为 x_0,有

$$x_0 = \frac{2\alpha K_3(m - l_2)p - 2K_5(l_2 - l_1)p'}{\alpha K_3 p + K_5 p'}。$$

结合假设 $\max\{l_1, l_2\} < \frac{2P}{3} = \frac{2}{3}m$,有 $K_3 p < K_5 p' < 2K_3 p$ 成立,所以交点 x_0 满足

$$x_0 \geqslant \frac{2}{3}(m - 2l_2 + l_1),$$

从而

$$x_{KS} \geqslant \frac{2}{3}(m - 2l_2 + l_1) - 1。$$

根据定义 5.2,有 $U(x, y) = 2(l_2 - l_1)p' + xp' + \gamma\alpha(2m - 2l_2 - x)p$,由于 x 满足 $0 \leqslant x \leqslant m - l_2$,则

$$U(\sigma^*) = U(m - l_2, 0) = 2(l_2 - l_1)p' + (m - l_2)p' + \gamma\alpha(m - l_2)p。$$

下面证明对于该取值范围内任何一个 KS 公平排序,

$$\frac{U(\sigma^*)-U(\sigma_{KS,P})}{U(\sigma^*)}<\frac{2}{3}$$

成立。上式可等价转换成证明

$$\frac{2(l_2-l_1)p'+x_{KS}p'+\gamma\alpha(2m-2l_2-x_{KS})p}{2(l_2-l_1)p'+(m-l_2)p'+\gamma\alpha(m-l_2)p}>\frac{1}{3}$$

成立。进一步简化，只需证明

$$4(l_2-l_1)p'+3x_{KS}p'-(m-l_2)p'+\gamma\alpha(5m-5l_2-3x_{KS})p>0。\tag{5.33}$$

结合 $x_{KS}\geqslant\frac{2}{3}(m-2l_2+l_1)-1$ 和 $l_2<\frac{2}{3}m$，从而得式(5.33)的前半部分

$$\begin{aligned}&4(l_2-l_1)p'+3x_{KS}p'-(m-l_2)p'\\ \geqslant&4(l_2-l_1)p'+2(m-2l_2+l_1)p'-(m-l_2)p'-3p'\\ =&(m+l_2-2l_1-3)p'\\ >&0,\end{aligned}$$

式(5.33)的后半部分

$$\gamma\alpha(5m-5l_2-3x_{KS})p\geqslant\gamma\alpha[5m-5l_2-3(m-l_2)]p>0。$$

综上，式(5.33)是成立的，从而有 $\mathrm{PoF}_{KS}<\frac{2}{3}$。

(4) $0\leqslant x+y<m-l_2$。

此时，两代理的标准化效用函数分别为

$$\bar{u}^A(x,y)=\frac{K_3-(x+2y)p'}{K_3},\bar{u}^B(x,y)=\frac{\alpha(x+2y)p}{K_5}。$$

根据定义 5.2 可得系统效用的表达式为

$$U(x,y)=K_3-(x+2y)p'+\gamma\alpha(x+2y)p。$$

当 $(x,y)=(0,0)$ 时，最优系统效用 $U(\sigma^*)=U(0,0)=K_3$。

取 $\alpha=2$，令 $\bar{u}^A(x,y)=\bar{u}^B(x,y)$，求得二者的交线为 $y=-\frac{x}{2}+\frac{K_3K_5}{2K_5p'+4K_3p}$。根据交线的表达式可以看出，当 y 增加时 x 是减小的，并且当 $x=0$ 时，y 的值达到最大，不妨记为 $y_{\max}$。容易验证 $y_{\max}$ 满足 $\frac{5K_3}{12p'}<y_{\max}<\frac{K_3}{4p'}$，从而得 $y_{KS}<\frac{K_3}{4p'}+\frac{1}{2}$。由于 $0\leqslant x+y<m-l_2$，因此 $x_{KS}+y_{KS}<m-l_2$。

下面说明对于该取值范围内任何一个 KS 公平排序，

$$\frac{U(\sigma^*)-U(\sigma_{\mathrm{KS,P}})}{U(\sigma^*)}<\frac{3}{4}$$

成立。上式可等价转换成证明

$$\frac{K_3-(x_{\mathrm{KS}}+2y_{\mathrm{KS}})p'+\gamma\alpha(x_{\mathrm{KS}}+2y_{\mathrm{KS}})p}{K_3}>\frac{1}{4}$$

成立。进一步简化，只需证明

$$3K_3-4(x_{\mathrm{KS}}+y_{\mathrm{KS}})p'-4y_{\mathrm{KS}}p'+4\gamma\alpha(x_{\mathrm{KS}}+2y_{\mathrm{KS}})p\geqslant 0。\quad(5.34)$$

下面分两部分证明式(5.34)是成立的。首先证明式(5.34)的前半部分，结合前面的结论 $y_{\mathrm{KS}}<\frac{K_3}{4p'}+\frac{1}{2}$ 和 $x_{\mathrm{KS}}+y_{\mathrm{KS}}<m-l_2$，有

$$\begin{aligned}3K_3-4(x_{\mathrm{KS}}+y_{\mathrm{KS}})p'-4y_{\mathrm{KS}}p'&\geqslant 3K_3-4(m-l_2)p'-K_3-2p'\\&=4(l_2-l_1)p'-2p'\\&>0。\end{aligned}$$

式(5.34)的后半部分显然是大于等于零的。

综上所述，式(5.34)是成立的，从而有 $\mathrm{PoF_{KS}}<\frac{3}{4}$。

根据对以上 4 种情形的分析，可得下述结论。

定理 5.18　对于 $l_1<l_2$ 情形下的问题 $1\,||\,\left(\sum C_j^{\mathrm{A}},\sum(E_j^{\mathrm{B}}+\alpha T_j^{\mathrm{B}})\right)$，有 $\mathrm{PoF_{KS}}<\frac{3}{4}$。

由定理 5.16～定理 5.18 可以得到以下结论。

定理 5.19　对于问题 $1\,||\,\left(\sum C_j^{\mathrm{A}},\sum(E_j^{\mathrm{B}}+\alpha T_j^{\mathrm{B}})\right)$，有 $\mathrm{PoF_{KS}}<\frac{3}{4}$。

5.6　极小化 $\left(\sum C_j^{A},\sum(T_j^{B}+R_j^{B})\right)$ 的公平定价问题

本节分析代理 B 的工件可拒绝情形的 KS 公平标准下的公平定价问题，该问题的所有 KS 公平排序可以在线性时间内找到，且 $\mathrm{PoF_{KS}}\leqslant\frac{1}{2}$。

当代理 B 的工件被拒绝加工时，其拒绝费用表示为 $R_j^{\mathrm{B}}=\alpha p_j^{\mathrm{B}}$，$\alpha>1$。由于代理 B 两个工件 p_1^{B} 和 p_2^{B} 各自的拒绝费用分别为 αp_1^{B} 和 αp_2^{B}，相应地可以给出工件 p_1^{B} 和 p_2^{B} 一个虚拟的交货期，不妨记为 $\overline{d_1^{\mathrm{B}}}$ 和 $\overline{d_2^{\mathrm{B}}}$，其中 $\overline{d_1^{\mathrm{B}}}=d_1^{\mathrm{B}}+\alpha p_1^{\mathrm{B}}$，$\overline{d_2^{\mathrm{B}}}=d_2^{\mathrm{B}}+\alpha p_2^{\mathrm{B}}$。不失一般性，设 $d_1^{\mathrm{B}}<d_2^{\mathrm{B}}$。在 $\overline{d_1^{\mathrm{B}}}$ 和 $\overline{d_2^{\mathrm{B}}}$ 之前最多可加工代理 A

的工件个数不妨记为 $\overline{l_2}$ 和 $\overline{l_1}$，即 $\overline{l_2}=\max\limits_{0\leqslant i\leqslant m}\left\{i:\sum\limits_{j=1}^{i}p_j^{\mathrm{A}}+p_1^{\mathrm{B}}\leqslant\overline{d_1^{\mathrm{B}}}\right\}$，$\overline{l_1}=\max\limits_{0\leqslant i\leqslant m}\left\{i:\sum\limits_{j=1}^{i}p_j^{\mathrm{A}}+p_1^{\mathrm{B}}+p_2^{\mathrm{B}}\leqslant\overline{d_2^{\mathrm{B}}}\right\}$。

下面给出排序问题 $1\mid d_1^{\mathrm{B}}<d_2^{\mathrm{B}}\mid\left(\sum C_j^{\mathrm{A}},\sum\left(T_j^{\mathrm{B}}+R_j^{\mathrm{B}}\right)\right)$ 在 $d_1^{\mathrm{B}}+p_2^{\mathrm{B}}<d_2^{\mathrm{B}}$ 情形下帕累托最优排序结构的刻画。引入变量 x,y，其中 x 表示 p_1^{B} 和 p_2^{B} 之间的代理 A 的工件个数，y 表示 p_2^{B} 之后的代理 A 的工件个数(见图 5-6)。同样地，$\sigma(x,y)$ 表示与 (x,y) 相对应的排序。

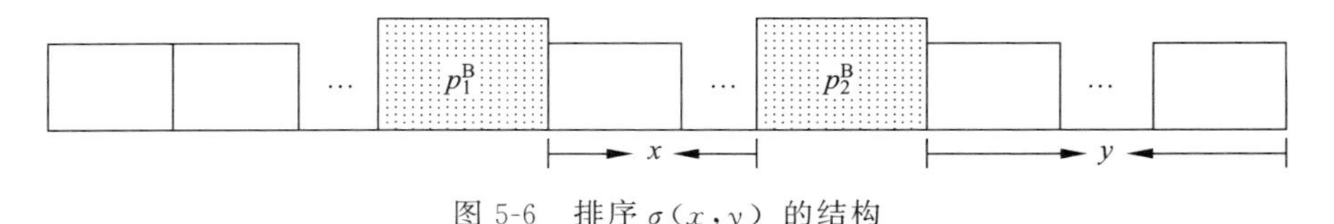

图 5-6 排序 $\sigma(x,y)$ 的结构

下面给出刻画帕累托最优排序性质的两个重要的引理。

引理 5.14 对于问题 $1\mid d_1^{\mathrm{B}}<d_2^{\mathrm{B}}\mid\left(\sum C_j^{\mathrm{A}},\sum\left(T_j^{\mathrm{B}}+R_j^{\mathrm{B}}\right)\right)$，在任何一个帕累托最优排序中，对于工件 p_j^{B}，要么加工，要么拒绝加工；且当选择加工 p_j^{B} 时，其完工时间不大于 $\overline{d_j^{\mathrm{B}}}$。

证明：假如存在这样一个排序 σ(见图 5-6)，不妨将工件 p_j^{B} 超出虚拟交货期 $\overline{d_j^{\mathrm{B}}}$ 的部分记为 Δ_1，剩余的部分记为 Δ_2，即 $\Delta_1+\Delta_2=p_j^{\mathrm{B}}$。若只拒绝加工 Δ_1 部分，则代理 B 的总费用为

$$\sum\left(T_j^{\mathrm{B}}(\sigma)+R_j^{\mathrm{B}}(\sigma)\right)=\overline{d_j^{\mathrm{B}}}-d_j^{\mathrm{B}}+\alpha\Delta_1=\alpha p_j^{\mathrm{B}}+\alpha\Delta_1;$$

如果拒绝加工 p_j^{B}，则代理 B 的费用为 αp_j^{B}；如果加工 p_j^{B}，则代理 B 的费用为 $\alpha p_j^{\mathrm{B}}+\Delta_1$。根据以上三种情形的分析可知，代理 B 应该选择拒绝加工工件 p_1^{B}。 □

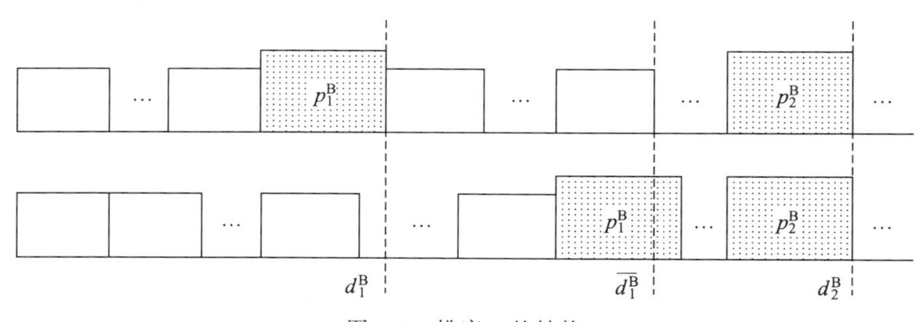

图 5-7 排序 σ 的结构

引理 5.15　若加工 p_1^{B} 和 p_2^{B}，则 p_1^{B} 之前至少有 l_2 个代理 A 的工件加工、p_2^{B} 之前至少有 l_1 个代理 A 的工件加工。

根据引理 5.14 和引理 5.15 可知，如果代理 B 对于工件的总拒绝费用不小于接受工件加工而产生的总延误费用，则有 $\alpha(p_1^{\mathrm{B}}+p_2^{\mathrm{B}})\geqslant(m-l_1)p+(m-l_2)p$，代理 B 的工件都会被直接加工。从而目标为 $\left(\sum C_j^{\mathrm{A}},\sum(T_j^{\mathrm{B}}+R_j^{\mathrm{B}})\right)$ 的 KS 公平定价问题就可以等价转换为 5.4 节中讨论的 KS 公平定价问题，故有 $\mathrm{PoF}_{\mathrm{KS}}\leqslant\frac{1}{2}$。因此，在以下的分析中拒绝费用和延误费用满足

$$\alpha(p_1^{\mathrm{B}}+p_2^{\mathrm{B}})<(m-l_1)p+(m-l_2)p。$$

由引理 5.15 可知，如果选择加工代理 B 的工件，则只需要考虑与 $0\leqslant x<m-l_2$，$0\leqslant y<m-l_1$ 和 $0\leqslant x+y<m-l_2$ 相对应的可行排序即可。下面根据 x、y 的不同取值来分析 KS 公平排序集合和公平定价的值。

(1) $y>P+p_1^{\mathrm{B}}+p_2^{\mathrm{B}}-\overline{d_2^{\mathrm{B}}}$，$x+y>P+p_1^{\mathrm{B}}-\overline{d_1^{\mathrm{B}}}$。

在当前情形下，代理 B 拒绝加工工件的拒绝费用大于选择加工工件而产生的延误费用，所以代理 B 选择加工工件，并且此时只产生延误费用。从而目标为 $\left(\sum C_j^{\mathrm{A}},\sum(T_j^{\mathrm{B}}+R_j^{\mathrm{B}})\right)$ 的公平定价问题可等价转换为目标为 $\left(\sum C_j^{\mathrm{A}},\sum T_j^{\mathrm{B}}\right)$ 的公平定价问题，根据 5.4 节中的结果可知，$\mathrm{PoF}_{\mathrm{KS}}\leqslant\frac{1}{2}$。

(2) $y\leqslant P+p_1^{\mathrm{B}}+p_2^{\mathrm{B}}-\overline{d_2^{\mathrm{B}}}$，$x+y\leqslant P+p_1^{\mathrm{B}}-\overline{d_1^{\mathrm{B}}}$。

在当前情形下，代理 B 拒绝加工工件的拒绝费用小于选择加工工件而产生的延误费用，所以代理 B 选择拒绝加工工件 p_1^{B} 和 p_2^{B}，并且此时只产生拒绝费用。代理 A 的性能指标达到最优，根据公平定价的定义可知，$\mathrm{PoF}_{\mathrm{KS}}=0$。

(3) $y>P+p_1^{\mathrm{B}}+p_2^{\mathrm{B}}-\overline{d_2^{\mathrm{B}}}$，$x+y\leqslant P+p_1^{\mathrm{B}}-\overline{d_1^{\mathrm{B}}}$。

在当前情形下，代理 B 拒绝加工工件 p_1^{B}，只加工工件 p_2^{B}。此时帕累托排序的结构发生了变化，只使用一个变量便可以表示出帕累托排序解的结构。不妨仍采用变量 y 表示 p_2^{B} 之后的代理 A 的工件个数，如图 5-8 所示。

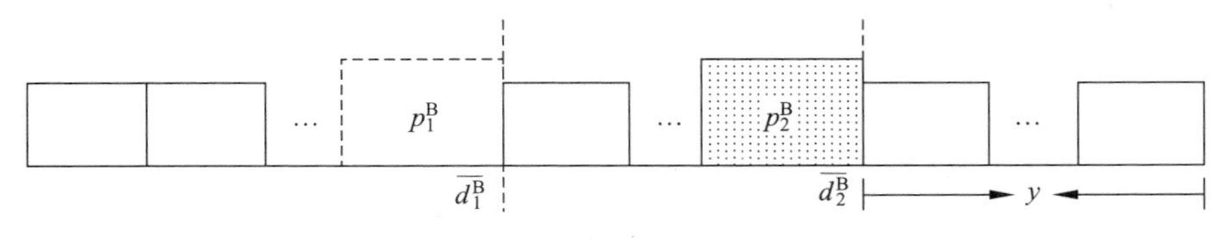

图 5-8　排序 $\sigma(y)$ 的结构

在拒绝加工工件 p_1^{B} 之后，出现的空闲时间应该由代理 A 的工件来填补。

此时，需要重新定义 l_1 和 $\overline{l_1}$ 的大小，即 $l_1=\left\{i:\sum_{j=1}^{i}p_j^{\mathrm{A}}+p_2^{\mathrm{B}}=d_2^{\mathrm{B}}\right\}$，$\overline{l_1}=\left\{i:\sum_{j=1}^{i}p_j^{\mathrm{A}}+p_2^{\mathrm{B}}=\overline{d_2^{\mathrm{B}}}\right\}$。根据以上分析，上述取值范围 $y>P+p_1^{\mathrm{B}}+p_2^{\mathrm{B}}-\overline{d_2^{\mathrm{B}}}$ 和 $x+y\leqslant P+p_1^{\mathrm{B}}-\overline{d_1^{\mathrm{B}}}$ 可等价转换为 $m-\overline{l_1}<y\leqslant\min\{m-l_1,m-\overline{l_2}\}\leqslant m-l_1$。由于工件个数 $y\geqslant 0$，所以不妨假定 $\overline{l_1}\leqslant m+1$。则根据图 5-8 中帕累托排序的结构给出两个代理的费用函数和效用函数如表 5-7 所示。

表 5-7 代理的费用函数和效用函数（六）

费用函数和效用函数	代理 A	代理 B
$f_{\min}^{i}$	$\sum_{j=1}^{m}\sum_{i=1}^{j}p_i^{\mathrm{A}}$	0
$f_{\max}^{i}$	$f_{\min}^{\mathrm{A}}+(m-l_2)p_1^{\mathrm{B}}+(m-l_1)p_2^{\mathrm{B}}$	$\alpha(p_1^{\mathrm{B}}+p_2^{\mathrm{B}})$
$f^{i}(x,y)$	$f_{\min}^{\mathrm{A}}+yp_2^{\mathrm{B}}$	$\sum_{i=1}^{m-y}p_i+p_2^{\mathrm{B}}-d_2^{\mathrm{B}}+\alpha p_1^{\mathrm{B}}$
$u^{i}(x,y)$	$K_1-yp_2^{\mathrm{B}}$	$\alpha p_2^{\mathrm{B}}-(m-y-l_1)p$
$\bar{u}^{i}(x,y)$	$\dfrac{K_1-yp_2^{\mathrm{B}}}{K_1}$	$\dfrac{\alpha p_2^{\mathrm{B}}-(m-y-l_1)p}{K_6}$

其中，$K_1=u_{\max}^{\mathrm{A}}=(m-l_2)p_1^{\mathrm{B}}+(m-l_1)p_2^{\mathrm{B}}$，$K_6=u_{\max}^{\mathrm{B}}=\alpha(p_1^{\mathrm{B}}+p_2^{\mathrm{B}})=2\alpha p'$。为了保证代理 B 的工件 p_2^{B} 存在被拒绝加工的可能，不妨假设 $l_1\leqslant m-1$。两个代理的标准化效用函数分别为

$$\bar{u}^{\mathrm{A}}(y)=\frac{K_1-yp_2^{\mathrm{B}}}{K_1},\bar{u}^{\mathrm{B}}(y)=\frac{\alpha p_2^{\mathrm{B}}-(m-y-l_1)p}{K_6}。$$

由标准化效用的表达式可知，$\bar{u}^{\mathrm{A}}(y)$ 是关于 y 的递减函数，而 $\bar{u}^{\mathrm{B}}(y)$ 是关于 y 的递增函数。不妨令 $\bar{u}^{\mathrm{A}}(y)=\bar{u}^{\mathrm{B}}(y)$，记两者的交点为 y_0，且有

$$y_0=\frac{K_1+\alpha p_1^{\mathrm{B}}+(m-l_1)p}{K_6p'+K_1p}。$$

y 的取值范围为 $m-\overline{l_1}<y\leqslant m-l_1$。因为 y 表示的是工件个数，所以有 $m-\overline{l_1}+1\leqslant y\leqslant m-l_1$。对于两个代理标准化效用的交点 y_0，易证明满足 $m-l_1<y_0<\dfrac{K_1}{2p'}$。由 $\bar{u}^{\mathrm{A}}(y)$ 和 $\bar{u}^{\mathrm{B}}(y)$ 的单调性可知，当 y 的取值范围为 $m-\overline{l_1}<y\leqslant m-l_1$ 时，$\bar{u}^{\mathrm{A}}(y)>\bar{u}^{\mathrm{B}}(y)$ 均成立，则有 $y_{\mathrm{KS}}=m-l_1$，从而可以得到 $m-\overline{l_1}+1\leqslant y_{\mathrm{KS}}\leqslant m-l_1$。根据系统效用的定义得到系统效用函数为

$$U(y)=K_1-yp'+\gamma(\alpha p_2^{\mathrm{B}}+l_1p+yp-mp),$$

则当 $y=m-\overline{l_1}+1$ 时，系统的最优效用为

$$U(\sigma^*)=(m-l_2)p'+(\overline{l_1}-l_1-1)p'+\gamma p。$$

下面证明对于所有的 KS 公平排序，

$$\frac{U(\sigma^*)-U(y_{\mathrm{KS}})}{U(\sigma^*)}\leqslant\frac{1}{2}$$

均成立。类似地，证明上式成立转换成证明

$$K_1+(m-\overline{l_1}+1)p'-2y_{\mathrm{KS}}p'+\gamma[2\alpha p_2^{\mathrm{B}}-(2m-2l_1+1)p+2y_{\mathrm{KS}}p]\geqslant 0 \tag{5.35}$$

成立。

接下来，分两部分证明式(5.35)是成立的。首先证明式(5.35)的前半部分是成立的。由于 $y_{\mathrm{KS}}\leqslant m-l_1$ 和 $\overline{l_1}\leqslant m+1$，因此

$$K_1+(m-\overline{l_1}+1)p'-2y_{\mathrm{KS}}p'\geqslant(l_1-l_2)p'+(m-\overline{l_1}+1)p'>0$$

是成立的。其次，对于式(5.35)的后半部分，结合 $y_{\mathrm{KS}}\geqslant m-l_1+1$ 可以得到

$$\begin{aligned}\gamma[2\alpha p_2^{\mathrm{B}}-(2m-2l_1+1)p+2y_{\mathrm{KS}}p]&\geqslant\gamma[2\alpha p_2^{\mathrm{B}}+(2l_1-1)p-2\overline{l_1}p+2p]\\&=\gamma p>0。\end{aligned}$$

由此可知式(5.35)是成立的，公平定价的值满足 $\mathrm{PoF_{KS}}\leqslant\frac{1}{2}$。

综上所述，当 $y>P+p_1^{\mathrm{B}}+p_2^{\mathrm{B}}-\overline{d_2^{\mathrm{B}}}$，$x+y\leqslant P+p_1^{\mathrm{B}}-\overline{d_1^{\mathrm{B}}}$ 时，对于所有的 KS 公平排序，都有公平定价的上界不超过 $\frac{1}{2}$，即 $\mathrm{PoF_{KS}}\leqslant\frac{1}{2}$。

(4) $y\leqslant P+p_1^{\mathrm{B}}+p_2^{\mathrm{B}}-\overline{d_2^{\mathrm{B}}}$，$x+y>P+p_1^{\mathrm{B}}-\overline{d_1^{\mathrm{B}}}$。

在当前情形下，代理 B 拒绝加工工件 p_2^{B}，只加工工件 p_1^{B}。此时帕累托排序的结构发生了变化，只使用一个变量便可以表示出帕累托排序解的结构。不妨用变量 x 表示 p_1^{B} 之后的代理 A 的工件个数，如图 5-9 所示。

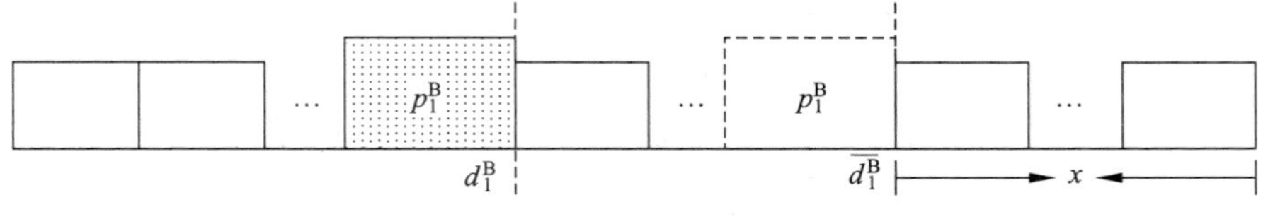

图 5-9　排序 $\sigma(x)$ 的结构

易证上述取值范围 $y\leqslant P+p_1^{\mathrm{B}}+p_2^{\mathrm{B}}-\overline{d_2^{\mathrm{B}}}$，$x+y>P+p_1^{\mathrm{B}}-\overline{d_1^{\mathrm{B}}}$ 可等价转换为 $l_2\leqslant m-x<\overline{l_2}$，即 $m-\overline{l_2}<x\leqslant m-l_2$。由于工件个数 $x\geqslant 0$，所以不妨假定 $\overline{l_2}<m$。则根据图 5-9 中帕累托排序解的结构给出两个代理的费

用函数和效用函数如表 5-8 所示。

表 5-8 代理的费用函数和效用函数(七)

费用函数和效用函数	代理 A	代理 B
$f^i_{\min}$	$\sum_{j=1}^{m}\sum_{i=1}^{j} p_i^{\mathrm{A}}$	0
$f^i_{\max}$	$f^{\mathrm{A}}_{\min}+(m-l_2)p_1^{\mathrm{B}}+(m-l_1)p_2^{\mathrm{B}}$	$\alpha(p_1^{\mathrm{B}}+p_2^{\mathrm{B}})$
$f^i(x,y)$	$f^{\mathrm{A}}_{\min}+xp_1^{\mathrm{B}}$	$\sum_{i=1}^{m-y}p_i+p_1^{\mathrm{B}}-d_1^{\mathrm{B}}+\alpha p_2^{\mathrm{B}}$
$u^i(x,y)$	$K_1-xp_1^{\mathrm{B}}$	$\alpha p_1^{\mathrm{B}}+(x+l_2-m)p$
$\bar{u}^i(x,y)$	$\dfrac{K_1-xp_1^{\mathrm{B}}}{K_1}$	$\dfrac{\alpha p_1^{\mathrm{B}}+(x+l_2-m)p}{K_6}$

其中，$K_1=u^{\mathrm{A}}_{\max}=(m-l_2)p_1^{\mathrm{B}}+(m-l_1)p_2^{\mathrm{B}}$，$K_6=u^{\mathrm{B}}_{\max}=\alpha(p_1^{\mathrm{B}}+p_2^{\mathrm{B}})=2\alpha p'$。为了保证代理 B 的工件 p_2^{B} 存在被拒绝加工的可能，不妨假设 $l_1\leqslant m-1$。

此时，两代理的标准化效用函数分别为

$$\bar{u}^{\mathrm{A}}(x)=\frac{K_1-xp_1^{\mathrm{B}}}{K_1},\bar{u}^{\mathrm{B}}(x)=\frac{\alpha p_1^{\mathrm{B}}+(x+l_2-m)p}{K_6}。$$

由上式可知，$\bar{u}^{\mathrm{A}}(x)$ 是关于 x 的递减函数，而 $\bar{u}^{\mathrm{B}}(x)$ 是关于 x 的递增函数。令 $\bar{u}^{\mathrm{A}}(x)=\bar{u}^{\mathrm{B}}(x)$，求得两者的交点，将其记为 x_0，又由 $\alpha(p_1^{\mathrm{B}}+p_2^{\mathrm{B}})<(m-l_1)p+(m-l_2)p$，即 $K_2<\dfrac{K_1}{p'}p$，可得

$$x_0=\frac{K_1[\alpha p_2^{\mathrm{B}}+(m-l_2)p]}{K_2p'+K_1p}\leqslant m-l_2。$$

因为 $m-\overline{l_2}<x\leqslant m-l_2$，$x$ 表示工件个数，从而有 $m-\overline{l_2}+1\leqslant x\leqslant m-l_2$。如果 $x_0<m-\overline{l_2}+1$，则 $x_{\mathrm{KS}}=m-\overline{l_2}+1$，与 $x_{\mathrm{KS}}=m-\overline{l_2}+1$ 相对应的排序不仅是一个系统最优排序，也是一个 KS 公平排序，从而，$\mathrm{PoF_{KS}}=0$。否则，可以得到 $m-\overline{l_2}+1\leqslant x_0\leqslant m-l_2$。从而 $m-\overline{l_2}+1\leqslant x_{\mathrm{KS}}\leqslant m-l_2$。

下面讨论 $m-\overline{l_2}+1\leqslant x_{\mathrm{KS}}\leqslant m-l_2$ 时公平定价的值。根据定义 5.2 可知，当 $m-\overline{l_2}<x\leqslant m-l_2$ 时，与 $x=m-\overline{l_2}+1$ 相对应的排序是一个系统最优排序，并且最优系统效用为

$$U(\sigma^*)=K_1-(m-\overline{l_2}+1)p'+\gamma[\alpha p_1^B+(l_2+1-\overline{l_2})p]。$$

下面证明对于所有的 KS 公平排序，

$$\frac{U(\sigma^*)-U(x_{\mathrm{KS}})}{U(\sigma^*)}\leqslant\frac{1}{2}$$

均成立。证明上式成立可转化成证明下式成立：

$$K_1+(m-\overline{l_2}+1)p'-2x_{\mathrm{KS}}p'+\gamma[\alpha p_1^{\mathrm{B}}+(l_2+\overline{l_2}-1-2m)p+2x_{\mathrm{KS}}p]\geqslant 0。\tag{5.36}$$

接下来，分两部分证明式(5.36)是成立的。首先证明式(5.36)的前半部分成立。由于 $x_{\mathrm{KS}}\leqslant m-l_2$ 和 $\overline{l_1}\leqslant m+1$，因此

$$\begin{aligned}K_1+(m-\overline{l_2}+1)p'-2x_{\mathrm{KS}}p' &\geqslant K_1+(m-\overline{l_2}+1)p'-2(m-l_2)p'\\&=(l_2-l_1)p'+(m-\overline{l_2}+1)p'\\&\geqslant 0\end{aligned}$$

成立。对于式(5.36)的后半部分，结合 $y_{\mathrm{KS}}\geqslant m-\overline{l_2}+1$ 可知

$$\begin{aligned}\gamma[\alpha p_1^{\mathrm{B}}+(l_2+\overline{l_2}-1-2m)p+2x_{\mathrm{KS}}p] &\geqslant \gamma[\alpha p_1^{\mathrm{B}}+(l_2+\overline{l_2}-1-2m)p+\\&\quad 2(m-\overline{l_2}+1)p]\geqslant 0\end{aligned}$$

成立。综上所述，式(5.36)是成立的。

通过对上述4种情形的讨论，可得以下结论。

定理 5.20 对于问题 $1|d_1^{\mathrm{B}}<d_2^{\mathrm{B}}|\left(\sum C_j^{\mathrm{A}},\sum(T_j^{\mathrm{B}}+R_j^{\mathrm{B}})\right)$，所有的 KS 公平排序可以在线性时间内找到，且 $\mathrm{PoF}_{\mathrm{KS}}\leqslant\frac{1}{2}$。

第6章　Makespan机制下的均衡分析

非合作排序博弈是运用算法分析理论和方法研究排序模型中的博弈及相关问题，其中工件被看作局中人，工件的策略空间就是机器集，工件可自由选择加工机器，当确定用来规定工件费用的策略(policy)后，每个工件在任意局势下的费用就都能够被计算出来。在这样的博弈环境下，每个工件只关心自己的费用，希望能减少自己的费用而不会去顾及总体目标。本章主要介绍 Makespan 机制下非合作排序博弈问题。

6.1　引言

一个非合作排序博弈模型由工件排序环境和计算工件费用的准则所确定。令 $M=\{M_1,M_2,\cdots,M_m\}$ 表示机器集合，$J=\{J_1,J_2,\cdots,J_n\}$ 表示工件集合，p_{ij} 表示工件 $J_j(J_j\in J)$ 在机器 $M_i(M_i\in M)$ 上的加工时间。对工件 $J_j(J_j\in J)$ 和机器 $M_i(M_i\in M)$，存在 p_j 和 s_i，使得 $p_{ij}=\dfrac{p_j}{s_i}$。这里我们一般称 p_j 为工件 J_j 的加工时间，s_i 为机器 M_i 的速度。在局势 $\sigma^a=(a_1,a_2,\cdots,a_n)$ 中，a_j 表示工件 J_j 所选择的机器，J_j^a 表示由选择机器 M_i 的工件所组成的集合，即 $J_j^a=\{J_j\mid a_j=M_i\}$。在局势 σ^a 下机器 M_i 的负载是所有选择该机器的工件的加工时间总和，记为 L_a^i，即 $L_a^i=\sum\limits_{J_j\in J_j^a}p_{ij}$。

为了更好地理解非合作排序博弈，下面举一个简单的实例。

例6.1　考虑 $P_3\mid\mid C_{\max}$ 排序问题的一个实例，其中 $J=\{J_1,J_2,J_3,J_4,J_5,J_6\}$，加工时间分别为 $p_1=p_2=2,p_3=p_4=3,p_5=p_6=4$。定义工件的费用为它所选择机器的负载。考虑局势 σ^N，其中 $J_1^N=\{J_1,J_3\}$，$J_2^N=\{J_2,J_4\}$，$J_3^N=\{J_5,J_6\}$。不难计算 J_1、J_2、J_3、J_4、J_5、J_6 在 σ^N 中的费用分别为5、5、5、5、8、8，易知这是一个纳什均衡。若工件 J_1、J_2、J_5、J_6 组成联盟并且分别重新选择机器 M_3、M_3、M_1、M_2，记 σ^S 为所得到的新局势，则在这个新局势 σ^S 中，$J_1^S=\{J_3,J_5\}$，$J_2^N=\{J_4,J_6\}$，$J_3^S=\{J_1,J_2\}$，工件 J_1、J_2、J_5、J_6

的费用为 4、4、7、7，均比在 σ^N 中的费用要小，因此 σ^N 不是一个强均衡，但 σ^S 是一个强均衡，若不然可令 J_Γ 表示它的一个联盟，σ^R 为 J_Γ 中工件重新选择后的局势。若 $J_\Gamma \cap J_3^S \neq \varnothing$，根据 $p_1=p_2, p_3=p_4, p_5=p_6$，不妨设 $J_1 \in J_\Gamma$ 并且选择机器 M_2。注意到 $p_1+p_6=6>p_1+p_4=5>p_1+p_2=4$，可知 $J_2^S \subseteq J_\Gamma$，并且在 J_Γ 中没有工件选择 M_2。因此 J_4、J_6 中至少有一个工件在 σ^R 中的费用至少为 $\dfrac{p_3+p_4+p_5+p_6}{2}=7$，矛盾。即 $J_\Gamma \cap J_3^S=\varnothing$。注意到

$$
\begin{aligned}
p_5+p_1+p_2 &= p_6+p_1+p_2=8>7=p_3+p_1+p_2 \\
&= p_4+p_1+p_2=p_4+p_6,
\end{aligned}
$$

故 J_Γ 中没有工件选择 M_3，因此 J_Γ 中至少有一个工件在 σ^R 中的费用至少为 $\dfrac{p_3+p_4+p_5+p_6}{2}=7$，矛盾。因此 σ^S 确为一个强均衡。但是如果我们以 makespan 作为目标，即社会费用，则无论是 σ^N 还是 σ^S，都不是最优局势。事实上，不难计算 σ^N 的 makespan 为 8，σ^S 的 makespan 为 7。而在最优排序 σ^* 中，$J_1^*=\{J_1,J_5\}$，$J_2^*=\{J_2,J_6\}$，$J_3^*=\{J_3,J_4\}$，其 makespan 为 6。

对于 Makespan 机制下非合作排序博弈模型，Even-Dar 等(2003)，Andelman 等(2009)分别证明了纳什均衡和强均衡的存在性。很多学者对以极小化 makespan 为整体目标的博弈模型的纳什均衡和强均衡进行了有效性分析。Finn 和 Horowitz(1979)、Schurman 和 Vredeveld(2007)、Andelman 等(2009)分别证明了 m 台同型机模型的 POA 为 $\Theta\left(\dfrac{\ln m}{\ln\ln m}\right)$。Fiat 等(2007)证明了 m 台同类机模型的 SPOA 为 $\Theta\left(\dfrac{\ln m}{(\ln\ln m)^2}\right)$，$m$ 台不同类机模型的 POA、SPOA 分别为 $+\infty$、m。Epstein 和 Stee(2012)分析了 m 台同类机模型中只有一台机器速度为 $s\geqslant 1$，而其他机器速度都为 1 的这一特殊情形，给出了 POA 关于 s 的完全参数界。Epstein 证明了两台同类机模型的 POA 为

$$
\begin{cases}
1+\dfrac{s}{s+2}, & 1\leqslant s<\sqrt{2} \\
s, & \sqrt{2}\leqslant s<\dfrac{1+\sqrt{5}}{2} \\
1+\dfrac{1}{s}, & s\geqslant \dfrac{1+\sqrt{5}}{2}
\end{cases};
$$

SPOA 为

$$\begin{cases} 1+\dfrac{s}{s+2}, & 1\leqslant s<\sqrt{2} \\ s, & \sqrt{2}\leqslant s<\dfrac{1+\sqrt{5}}{2} \\ \dfrac{1}{s-1}, & \dfrac{1+\sqrt{5}}{2}\leqslant s<\sqrt{3} \\ 1+\dfrac{1}{s+1} & \sqrt{3}\leqslant s<2 \\ \dfrac{s^2}{2s-1}, & 2\leqslant s<s_1\approx 2.246\,98 \\ 1+\dfrac{1}{s}, & s\geqslant s_1 \end{cases}。$$

特别地，m 台不同类机模型的 POA 可为任意大而 SPOA $=m$，并且容易知道 m 台不同类机模型的 POS $=$ SPOS $=1$。

对以极大化机器覆盖为整体目标的博弈均衡性研究始于 Epstein 等的研究(2009)。他们证明了任意数目同型机模型的 POA 介于 1.691 和 1.7 之间，特别的，两台机和三台机模型的 POA 都为 $\dfrac{3}{2}$，四台机模型的 POA 为 $\dfrac{13}{8}$。对两台同类机模型，他们证明了当 $s>2$ 时，POA$=$POS$=+\infty$；当 $s=2$ 时，POA 也是无穷大。Tan 等(2011)证明了两台同类机模型的 POA 和 SPOA 均为

$$\begin{cases} \dfrac{2+s}{2+s-s^2}, & 1\leqslant s\leqslant\sqrt{2} \\ \dfrac{2}{s(2-s)}, & \sqrt{2}<s<2 \end{cases}。$$

对其中一台机器速度为 s，另两台机器速度均为 1 这一特殊的三台同类机模型，POA 为 $\dfrac{2+s}{2(2-s)}$。关于极大化机器最小负载为目标函数的经典排序问题的研究，可参看文献(Bansal，Sviridenko，2006；Csirik et al.，1992；Deuermeyer et al.，1982；Epstein，2005)等。

6.2 $s\leqslant 2$ 时 SPOS 的上界

假定局势 σ^A 不是一个强均衡，则存在工件的一个子集 J_Γ 为联盟，使得该子集中所有工件改变加工机器，其费用均会减少。记 σ^S 为 J_Γ 中工件重新选择机器后所得到的局势。这意味着

$$J_1^S = J_1^A \backslash J_\Gamma \cup (J_\Gamma \cap J_2^A),\ J_2^S = J_2^A \backslash J_\Gamma \cup (J_\Gamma \cap J_1^A)。$$

显然，如果 $J_\Gamma \cap J_2^A \neq \varnothing$，则 $L_1^S < L_2^A$；如果 $J_\Gamma \cap J_1^A \neq \varnothing$，则 $L_2^S < L_1^A$。

引理 6.1　如果存在一个局势 σ^A 满足 $L_1^A \leqslant L_2^A$，则 $C^{BN} \geqslant C^{BS} \geqslant C^A$。

证明：若 σ^A 是一个强均衡，结论显然成立。否则由于 $L_1^A \leqslant L_2^A$，可得 $J_\Gamma \cap J_2^A \neq \varnothing$，因而 $L_1^S < L_2^A$。如果 $J_\Gamma \cap J_1^A = \varnothing$，则 $J_2^S \subset J_2^A, L_2^S < L_2^A$。如果 $J_\Gamma \cap J_1^A \neq \varnothing$，则 $L_2^S < L_1^A \leqslant L_2^A$。因而对于以上两种情况都有 $L_2^S < L_2^A$。所以 $\max\{L_1^S, L_2^S\} < L_2^A = \max\{L_1^A, L_2^A\}$。

若 σ^S 不是一个强均衡，通过类似的方法我们可以得到一个 makespan 更小的局势。由于不同局势的总数总是有限的，因此这个过程终将停止于一个强均衡。记这个强均衡为 σ^B，并且 σ^B 满足 $\max\{L_1^B, L_2^B\} < L_2^A = \max\{L_1^A, L_2^A\}$。若 $L_1^B \leqslant L_2^B$，可得

$$C^B = L_1^B = T - sL_2^B > T - sL_2^A = L_1^A = C^A;$$

否则

$$C^B = L_2^B = \frac{T - L_1^B}{s} \geqslant \frac{T - L_2^A}{s} = \frac{L_1^A + sL_2^A - L_2^A}{s} \geqslant L_1^A = C^A。$$

所以 $C^{BN} \geqslant C^{BS} \geqslant C^B \geqslant C^A$。□

引理 6.1 给出了最好的纳什均衡和最好的强均衡的目标值的一个下界，这个引理在后面的证明中将起到关键作用。注意到引理 6.1 对于满足 $L_1^A > L_2^A$ 的局势 σ^A 并不成立，本章后面给出的一些实例可以说明这一些性质。由引理 6.1 可知，如果 $L_1^* \leqslant L_2^*$，则可得 $C^{BN} = C^{BS} = C^*$。因而我们只需考虑 $L_1^* > L_2^*$ 的情况。首先根据 σ^* 是最优局势得到一些性质。

引理 6.2　(1)对于任何集合 $J_0 \subseteq J$，有 $P(J_0) \geqslant L_1^*$，或者 $P(J_0) \leqslant L_2^*$；(2)对于任何两个子集 $J_U \subseteq J_1^*$ 和 $J_V \subseteq J_2^*$，有 $P(J_U) \leqslant P(J_V)$，或者 $P(J_U) - P(J_V) \geqslant L_1^* - L_2^*$。

证明：(1)假定存在一个子集 $J_0 \subseteq J, L_2^* < P(J_0) < L_1^*$。构造一个局势 $\sigma^A, J_1^A = J_0, J_2^A = J \backslash J_0$。则

$$L_1^A = P(J_0) > L_2^*,\ L_2^A = \frac{T - P(J_0)}{s} = \frac{L_1^* + sL_2^* - P(J_0)}{s} > L_2^*。$$

因而 $C^A = \min\{L_1^A, L_2^A\} > L_2^* = C^*$，这与 σ^* 是最优局势矛盾。

(2) 假定存在两个子集 $J_U \subseteq J_1^*$ 和 $J_V \subseteq J_2^*$，$0 < P(J_U) - P(J_V) < L_1^* - L_2^*$。构造一个局势 $\sigma^A, J_1^A = J_1^* \backslash J_U \cup J_V, J_2^A = J_2^* \backslash J_V \cup J_U$，则 $L_1^A =$

$L_1^* - P(J_U) + P(J_V) > L_2^*$，$L_2^A = \dfrac{sL_2^* - P(J_V) + P(J_U)}{s} > L_2^*$。因而，$C^A = \min\{L_1^A, L_2^A\} > L_2^* = C^*$，这与 σ^* 是最优局势矛盾。 □

根据 $P(J_2^*) = sL_2^* > L_2^*$ 和引理 6.2(1)，可得

$$L_2^* = \frac{P(J_2^*)}{s} \geqslant \frac{L_1^*}{s}。\tag{6.1}$$

下面的三个引理给出了 C^{BS} 在不同情况下的下界。

引理 6.3 $C^{BS} \geqslant sL_2^* - (s-1)L_1^*$。

证明：若 σ^* 是一个强均衡，$C^{BS} = C^* = L_2^* \geqslant sL_2^* - (s-1)L_1^*$。若 σ^* 不是强均衡，且 $L_1^* > L_2^*$，可知 $J_\Gamma \cap J_1^* \neq \varnothing$。因而

$$L_2^S < L_1^*,\tag{6.2}$$

更进一步

$$L_1^S < L_2^S。\tag{6.3}$$

事实上，如果 $J_\Gamma \cap J_2^* = \varnothing$，则 $J_1^S \subset J_1^*$。因而 $L_1^S < L_1^*$，$L_2^S < L_2^*$。根据引理 6.2(1)可得 $L_1^S = P(J_1^S) \leqslant L_2^* < L_2^S$。如果 $J_\Gamma \cap J_2^* \neq \varnothing$，则

$$L_1^S < L_2^* < L_1^*, L_2^S = \frac{T - L_1^S}{s} > \frac{T - L_1^*}{s} = L_2^* > L_1^S。$$

根据引理 6.2、式(6.2)和式(6.3)可得

$$\begin{aligned} C^{BS} &\geqslant C^S = L_1^S = T - sL_2^S = L_1^* + sL_2^* - sL_2^S > L_1^* + sL_2^* - sL_1^* \\ &= sL_2^* - (s-1)L_1^*。\end{aligned}$$

□

引理 6.4 如果 $|J_1^*| = 1$，那么 $C^{BS} \geqslant \dfrac{L_1^*}{2}$。

证明：令 J_a 为 J_1^* 中的唯一工件。若 σ^* 是一个强均衡，根据式(6.1)可得 $C^{BS} = C^* = L_2^* \geqslant \dfrac{L_1^*}{2}$；否则，由于 $L_1^* > L_2^*$，$J_a \in J_\Gamma$。下面证明 J_2^* 的任何一个工件的加工时间都小于 L_1^*。若存在一个工件 $J_c \in J_2^*$ 满足 $p_c \geqslant L_1^*$，则 $J_c \notin J_\Gamma$ 并且 J_a 的新费用至少是 $\dfrac{p_a + p_c}{s} \geqslant \dfrac{2L_1^*}{s} \geqslant L_1^*$，矛盾。

因此存在一个子集 $J' \subseteq J_2^*$ 满足 $\dfrac{L_1^*}{2} \leqslant P(J') < L_1^*$。事实上，令 $J_2^* = \{J_{j_1}, J_{j_2}, \cdots, J_{j_k}\}$，$l$ 为最小的正整数，满足 $\sum\limits_{i=1}^{l} J_{ji} \geqslant \dfrac{L_1^*}{2}$。根据式(6.1)可得 $P(J_2^*) = sL_2^* \geqslant L_1^* > \dfrac{L_1^*}{2}$，因此 l 必存在。如果 $\sum\limits_{i=1}^{l} J_{ji} < L_1^*$，令 $J' =$

$\{J_{j_1}, J_{j_2}, \cdots, J_{j_t}\}$；否则令

$$J' = \{J_{jt}\}, p_{jt} = \sum_{i=1}^{l} J_{ji} - \sum_{i=1}^{l-1} J_{ji} \geqslant L_1^* - \frac{L_1^*}{2} = \frac{L_1^*}{2}。$$

构造一个局势 σ^A，$J_1^A = J'$ 和 $J_2^A = J \backslash J'$。易知 $L_1^A = P(J') < L_1^*$，并且根据引理 6.2(2)，得 $L_2^A > L_2^* \geqslant P(J') = L_1^A$。由引理 6.1 可得 $C^{BS} \geqslant C^A = L_1^A = P(J') \geqslant \frac{L_1^*}{2}$。 □

若 $|J_1^*| \geqslant 2$，令 J_u 为 J_1^* 中的最小工件，因而

$$p_u \leqslant \frac{L_1^*}{2}。\tag{6.4}$$

引理 6.5 如果 $|J_1^*| \geqslant 2$，那么 $C^{BS} \geqslant L_1^* - p_u$。

证明：考虑局势 σ^A，$J_1^A = J_1^* \backslash \{J_u\}$ 和 $J_2^A = J_2^* \cup \{J_u\}$。因为

$$P(\{J_u\}) = p_u > 0 = p(\varnothing),$$

根据引理 6.2(2)得 $p_u \geqslant L_1^* - L_2^*$，则

$$\begin{aligned} L_1^A - L_2^A &= (L_1^* - p_u) - \left(L_2^* + \frac{p_u}{s}\right) = L_1^* - L_2^* - \frac{s+1}{s} p_u \\ &\leqslant L_1^* - L_2^* - \frac{s+1}{s}(L_1^* - L_2^*) < 0。\end{aligned}$$

根据引理 6.1，可得 $C^{BS} \geqslant C^A = L_1^A = L_1^* - p_u$。 □

定理 6.1 $Q_2 \| C_{\min}$ 的 SPOS 至多为

$$h(s) = \min\left\{\frac{1}{2s - s^2}, \frac{2s-1}{s}\right\} = \begin{cases} \dfrac{1}{2s - s^2}, & 1 < s < \dfrac{3}{2} \\ \dfrac{2s-1}{s}, & \dfrac{3}{2} \leqslant s \leqslant 2 \end{cases}。$$

证明：根据引理 6.3 和式(6.1)，可得

$$\frac{C^*}{C^{BS}} \leqslant \frac{L_2^*}{sL_2^* - (s-1)L_1^*} = \frac{1}{s - (s-1)\dfrac{L_1^*}{L_2^*}} \leqslant \frac{1}{s - (s-1)s} = \frac{1}{2s - s^2}。$$

另一方面，根据引理 6.4、引理 6.5 和式(6.4)，可得 $C^{BS} \geqslant \frac{L_1^*}{2}$。如果 $\frac{L_1^*}{L_2^*} \geqslant \frac{2s}{2s-1}$，则有 $\frac{C^*}{C^{BS}} \leqslant \frac{L_2^*}{\frac{L_1^*}{2}} \leqslant \frac{2s-1}{s}$；否则根据引理 6.3 得

$$\frac{C^*}{C^{BS}} \leqslant \frac{L_2^*}{sL_2^* - (s-1)L_1^*} = \frac{1}{s-(s-1)\dfrac{L_1^*}{L_2^*}} \leqslant \frac{1}{s-(s-1)\dfrac{2s}{2s-1}} = \frac{2s-1}{s}。$$

因而 $\frac{C^*}{C^{BS}} \leqslant \min\left\{\frac{1}{2s-s^2}, \frac{2s-1}{s}\right\} = h(s)$。 □

6.3 $s \leqslant 2$ 时 POS 的上界

为了求出 POS,我们必须进行更加细致的分析。若 $|J_1^*| = 1$，根据式(6.1)和 $s \leqslant 2$ 得

$$L_2^* + \frac{p_a}{s} = L_2^* + \frac{L_1^*}{s} \geqslant \frac{L_1^*}{s} + \frac{L_1^*}{s} \geqslant L_1^*。$$

这里 J_a 是 J_1^* 中的唯一工件。因而 σ^* 是一个纳什均衡。若 $|J_1^*| \geqslant 2$ 且 $p_u \geqslant s(L_1^* - L_2^*)$，那么对于任何工件 $J_b \in J_1^*$ 都有 $L_2^* + \frac{p_b}{s} \geqslant L_2^* + \frac{p_u}{s} > L_1^*$。这意味着 σ^* 是一个纳什均衡。因而我们只需要考虑 $|J_1^*| \geqslant 2$ 的情形,并且

$$p_u < s(L_1^* - L_2^*)。\tag{6.5}$$

如果 J_2^* 包含至少两个工件,则令 J_v、J_w 表示 J_2^* 中最大的两个工件并且 $p_v \geqslant p_w$；否则令 $p_w = 0$。类似地,下面两个引理给出了 C^{BN} 的下界。

引理 6.6 (1)若 $|J_2^*| \geqslant 2, p_w \geqslant (s-1)L_2^*$，则 $C^{BN} \geqslant sL_2^* - p_w$；(2)若 $p_u + p_w \leqslant L_2^*$，则 $C^{BN} \geqslant p_u + p_w$。即使 J_2^* 中只有一个工件,结论仍然成立。

证明：(1)考虑局势 σ^A，$J_1^A = J_2^* \setminus \{J_w\}$ 和 $J_2^A = J_1^* \cup \{J_w\}$。由 $L_1^* > L_2^*$ 和 $p_w \geqslant (s-1)L_2^*$ 可得

$$L_1^A - L_2^A = sL_2^* - p_w - \frac{L_1^* + p_w}{s} = sL_2^* - \frac{L_1^*}{s} - \frac{s+1}{s}p_w$$

$$< sL_2^* - \frac{L_2^*}{s} - \frac{s^2-1}{s}L_2^* = 0。$$

因而根据引理 6.1 可得 $C^{BN} \geqslant C^A = L_1^A = sL_2^* - p_w$。

(2)考虑局势 σ^A，$J_1^A = \{J_u, J_w\}$ 和 $J_2^A = J \setminus \{J_u, J_w\}$。由 $L_1^* > L_2^*$ 和 $p_u + p_w \leqslant L_2^*$ 可得

$$L_1^A - L_2^A = (p_u + p_w) - \frac{T - p_u - p_w}{s} = \frac{s+1}{s}(p_u + p_w) - \frac{L_1^* + sL_2^*}{s}$$

$$\leqslant \frac{s+1}{s}L_2^* - \frac{L_1^* + sL_2^*}{s} < 0。$$

因而根据引理6.1可得 $C^{BN} \geqslant C^A = L_1^A = p_u + p_w$。 □

引理 6.7 若 $(s^2 - s)L_2^* \leqslant L_1^*, p_w \leqslant p_u - (L_1^* - L_2^*)$，则 $C^{BN} \geqslant \frac{L_1^*}{s}$。即使 J_2^* 中只有一个工件，结论仍然成立。

证明：首先，证明

$$p_v \geqslant L_1^*。\tag{6.6}$$

事实上，如果 J_2^* 中只有一个工件，根据式(6.1)可得 $p_v = sL_2^* \geqslant L_1^*$。否则令 $J_2^* \setminus \{J_v\} = \{J_{j_1}, J_{j_2}, \cdots, J_{j_t}\}$，$J_{(l)} = \{J_v\} = \{J_{j_1}, J_{j_2}, \cdots, J_{j_l}\}$，$l = 1, 2, \cdots, t$。用数学归纳法证明 $P(J_{(l)}) \leqslant p_u - (L_1^* - L_2^*)$ 对任意的 $1 \leqslant l \leqslant t$ 成立。显然有 $p_{j_1} \leqslant p_w \leqslant p_u - (L_1^* - L_2^*)$。容易验证对于 $l=1$ 结论成立。现假定对于 $l \leqslant l < t$ 时结论成立。根据式(6.5)和 $s \leqslant 2$，可得

$$P(J_{(l+1)}) = P(J_{(l)}) + p_{j_{(l+1)}} \leqslant 2p_u - 2(L_1^* - L_2^*)$$
$$\leqslant 2p_u - s(L_1^* - L_2^*) < p_u = P(\{J_u\})。$$

再根据引理6.2得

$$P(J_{(l+1)}) \leqslant P(\{J_u\}) - (L_1^* - L_2^*) = p_u - (L_1^* - L_2^*)。$$

因此结论对于 $l+1$ 也成立，即 $P(J_2^* \setminus \{J_v\}) \leqslant p_u - (L_1^* - L_2^*)$。将式(6.5)、式(6.6)与 $s \leqslant 2$ 结合，可得

$$p_v = sL_2^* - P(J_2^* \setminus \{J_v\}) \geqslant sL_2^* - [p_u - (L_1^* - L_2^*)]$$
$$> sL_2^* - (s-1)(L_1^* - L_2^*) = (2s-1)L_2^* - (s-1)L_1^*$$
$$\geqslant (2s-1)L_2^* - (s-1)L_2^* \geqslant L_2^*。$$

所以根据引理6.2(1)可知，式(6.6)仍然成立。

构造局势 σ^A，$J_1^A = \{J_v\}$ 和 $J_2^A = J \setminus \{J_v\}$。由式(6.6)和 $L_1^* > L_2^*$，可得

$$L_1^A = p_v \geqslant L_1^* > L_2^* \geqslant \frac{L_1^* + sL_2^* - p_v}{s} = \frac{T - p_v}{s} = L_2^A。$$

又根据 $(s^2 - s)L_2^* \leqslant L_1^*$ 和式(6.1)，可得

$$L_2^A + \frac{p_v}{s} = \frac{T}{s} = \frac{L_1^* + sL_2^*}{s} \geqslant sL_2^* \geqslant p_v = L_1^A。$$

因而 σ^A 是纳什均衡并且 $C^{BN} \geqslant C^A = L_2^A = \frac{L_1^* + sL_2^* - p_v}{s} \geqslant \frac{L_1^*}{s}$。 □

定理 6.2 $Q_2||C_{\min}$ 的 POS 至多为

$$\begin{cases}\dfrac{1}{2s-s^2}, & 1<s<\dfrac{4}{3}\\ \dfrac{3s-2}{s^2}, & \dfrac{4}{3}\leqslant s<\sqrt{2}\\ \dfrac{s^2-s+1}{s}, & \sqrt{2}\leqslant s\leqslant\dfrac{3}{2}\\ \dfrac{2}{s}, & \dfrac{3}{2}<s<\dfrac{1+\sqrt{5}}{2}\\ \dfrac{s^2-s+1}{s}, & \dfrac{1+\sqrt{5}}{2}\leqslant s<s_0\\ \dfrac{1}{2s^2-s^3}, & s_0\leqslant s<\dfrac{3+\sqrt{17}}{4}\\ \dfrac{2s-1}{s}, & \dfrac{3+\sqrt{17}}{4}\leqslant s\leqslant 2\end{cases}。$$

证明：注意到 $C^{BN}\geqslant C^{BS}$，并且当 $1<s\leqslant\dfrac{4}{3}$ 和 $\dfrac{3+\sqrt{17}}{4}\leqslant s\leqslant 2$ 时 $g(s)=h(s)$，因而只需要考虑 $\dfrac{4}{3}<s<\dfrac{3+\sqrt{17}}{4}$ 的情形。直接计算可知：当 $\dfrac{4}{3}<s<\dfrac{3+\sqrt{17}}{4}$ 时，$g(s)\geqslant\max\left\{\dfrac{3s-2}{s^2},\dfrac{s^2-s+1}{s}\right\}$；当 $s>\dfrac{3}{2}$ 时，$g(s)\geqslant\dfrac{2}{s}$；当 $s\geqslant\dfrac{1+\sqrt{5}}{2}$ 时，$g(s)\geqslant\dfrac{1}{2s^2-s^3}$。

根据 p_u、p_v 的值分几种情形讨论。由引理 6.2(1)，可得 $P(\{J_u,J_w\})=p_u+p_w\geqslant L_1^*$，$P(J_2^*\setminus\{J_w\})=sL_2^*-p_w\geqslant L_1^*$，或者 $sL_2^*-p_w\leqslant L_2^*$。因而，若 $p_w>sL_2^*-L_1^*$，则 $p_w\geqslant(s-1)L_2^*$。

情形 1：$p_u+p_w\geqslant L_1^*$。

根据式(6.4)可得 $p_w\geqslant L_1^*-p_u\geqslant\dfrac{L_1^*}{2}>0$，因而 $|J_2^*|\geqslant 2$ 并且

$$p_w\leqslant\frac{sL_2^*}{2}。\tag{6.7}$$

结合式(6.1)、式(6.5)和式(6.7)，得

$$L_1^*\leqslant p_u+p_w<s(L_1^*-L_2^*)+\frac{sL_2^*}{2}\leqslant\left(s-\frac{1}{2}\right)L_1^*,$$

即得 $s > \frac{3}{2}$。又根据式(6.5)和 $s \leqslant 2$ 可得

$$p_w \geqslant L_1^* - p_u > L_1^* - s(L_1^* - L_2^*) \geqslant sL_2^* - L_1^*,$$

因而 $p_w \geqslant (s-1)L_2^*$。最后根据引理 6.6(1)和式(6.7),得

$$\frac{C^*}{C^{BN}} \leqslant \frac{L_2^*}{sL_2^* - p_w} \leqslant \frac{L_2^*}{sL_2^* - \frac{sL_2^*}{2}} = \frac{2}{s} \leqslant g(s)。$$

情形 2：$p_u + p_w \leqslant L_2^*$ 并且 $p_w \leqslant sL_2^* - L_1^*$。

若 $\frac{L_1^*}{L_2^*} \leqslant \frac{s^2}{s^2-s+1}$，根据引理 6.3 可得

$$\frac{C^*}{C^{BN}} \leqslant \frac{C^*}{C^{BS}} \leqslant \frac{L_2^*}{sL_2^* - (s-1)L_1^*} = \frac{1}{s-(s-1)\frac{L_1^*}{L_2^*}}$$

$$\leqslant \frac{1}{s-(s-1)\frac{s^2}{s^2-s+1}} = \frac{s^2-s+1}{s} \leqslant g(s)。$$

因而可以假定

$$\frac{L_1^*}{L_2^*} > \frac{s^2}{s^2-s+1}。\tag{6.8}$$

若 $p_u \leqslant p_w \leqslant sL_2^* - L_1^*$，则 $|J_2^*| \geqslant 2$。根据引理 6.5、式(6.8)和 $s \leqslant 2$ 可得

$$\frac{C^*}{C^{BN}} \leqslant \frac{C^*}{C^{BS}} \leqslant \frac{L_2^*}{L_1^* - p_u} \leqslant \frac{L_2^*}{L_1^* - sL_2^* + L_1^*} = \frac{1}{2\frac{L_1^*}{L_2^*} - s}$$

$$\leqslant \frac{1}{2\frac{s^2}{s^2-s+1} - s} = \frac{s^2-s+1}{3s^2-s^3-s} \leqslant \frac{s^2-s+1}{s} \leqslant g(s)。$$

否则 $P(\{J_u\}) = p_u > p_w = P(\{J_w\})$。根据引理 6.2(2)可得

$$P(\{J_u\}) - P(\{J_w\}) = p_u - p_w \geqslant L_1^* - L_2^*。$$

若 $(s^2-s)L_2^* \leqslant L_1^*$，根据引理 6.7 和式(6.8)可得

$$\frac{C^*}{C^{BN}} \leqslant \frac{L_2^*}{\frac{L_1^*}{s}} = \frac{sL_2^*}{L_1^*} < \frac{s^2-s+1}{s} \leqslant g(s)。$$

否则由 $L_2^* < L_1^* < (s^2-s)L_2^*$，可得 $s > \frac{1+\sqrt{5}}{2}$。从而根据引理 6.3，得

$$\frac{C^*}{C^{BN}} \leqslant \frac{C^*}{C^{BS}} \leqslant \frac{L_2^*}{sL_2^* - (s-1)L_1^*} = \frac{1}{s-(s-1)\dfrac{L_1^*}{L_2^*}}$$

$$\leqslant \frac{1}{s-(s-1)(s^2-s)} = \frac{1}{2s^2-s^3} \leqslant g(s)。$$

情形 3：$p_u + p_w \leqslant L_2^*$ 并且 $p_w > sL_2^* - L_1^*$。

由于 $p_w > sL_2^* - L_1^*$ 且 $p_w \geqslant (s-1)L_2^* > 0$，因此 $|J_2^*| \geqslant 2$。根据引理 6.5 和引理 6.6，可得

$$C^{BN} \geqslant \frac{1}{3}[(L_1^* - p_u) + (sL_2^* - p_w) + (p_u + p_w)] = \frac{L_1^* + sL_2^*}{3}。$$

若 $\dfrac{L_1^*}{L_2^*} \geqslant \dfrac{2s}{3s-2}$，有

$$\frac{C^*}{C^{BN}} \leqslant \frac{L_2^*}{\dfrac{L_1^* + sL_2^*}{3}} = \frac{3}{\dfrac{L_1^*}{L_2^*} + s} \leqslant \frac{3s-2}{s^2} \leqslant g(s)。$$

否则根据引理 6.5，得

$$\frac{C^*}{C^{BN}} \leqslant \frac{C^*}{C^{BS}} \leqslant \frac{L_2^*}{sL_2^* - (s-1)L_1^*} = \frac{1}{s-(s-1)\dfrac{L_1^*}{L_2^*}}$$

$$\leqslant \frac{1}{s-(s-1)\dfrac{2s}{3s-2}} = \frac{3s-2}{s^2} \leqslant g(s)。$$

□

6.4 POS 和 SPOS 的紧例

本节将通过实例说明上两节中得到的 SPOS 和 POS 的界为紧的。不失一般性，我们将工件按加工时间非减顺序排列，即 $p_1 \geqslant p_2 \geqslant \cdots \geqslant p_n$。

引理 6.8　假定 σ^A、σ^B 是两个局势，满足 $C^B > C^A = L_1^A$，则 $L_1^A < L_1^B < T - sL_1^A$。

证明：若 $L_1^B \leqslant L_1^A$，可得 $C^B \leqslant L_1^B \leqslant L_1^A$；若 $L_1^B \geqslant T - sL_1^A$，可得 $C^B \leqslant L_2^B = \dfrac{T-L_1^B}{s} \leqslant L_1^A$。以上两种情况都与 $C^B > C^A$ 矛盾。

首先，给出说明 SPOS 界为紧的紧实例。

区间 $\left(1,\frac{3}{2}\right)$：有三个工件 J_1、J_2、J_3，其加工时间分别为 $p_1=1, p_2=2-s+\varepsilon, p_3=s-1-\varepsilon, 0<\varepsilon<\frac{(s-1)^2}{s}$。构造一个局势 σ^A，$J_1^A=\{J_2\}$ 和 $J_2^A=\{J_1,J_3\}$。注意到

$$L_1^A=p_2=2-s+\varepsilon<\frac{s-\varepsilon}{s}=\frac{p_1+p_3}{s}=L_2^A。$$

若 σ^A 不是一个强均衡，则有 $J_\Gamma \cap J_2^A \neq \varnothing$。由于 $p_2+p_1 \geqslant p_2+p_3=1>L_2^A$，可知 $J_2 \in J_\Gamma$。又 $\frac{p_1+p_2}{s} \geqslant \frac{p_3+p_2}{s}=\frac{1}{s}>L_1^A$，可知 $J_\Gamma \in J$。即所有工件都必须参加联盟。但 $p_1+p_3>\frac{p_1+p_3}{s}=L_2^A$，矛盾。因而 σ^A 是一个强均衡。

下面证明 σ^A 也是最好的强均衡。假定存在另一个强均衡 σ^B 满足 $C^B>C^A$。根据引理 6.7，可得

$$2-s+\varepsilon=L_1^A<L_1^B<T-sL_1^A=s^2-2s+2-s\varepsilon。$$

因 $p_1+p_3=s-\varepsilon \geqslant s^2-2s+2-s\varepsilon$，可知 σ^B 只有两种可能 σ^{B_1} 和 σ^{B_2}，$J_1^{B_1}=\{J_1\}$，$J_2^{B_1}=\{J_2,J_3\}$，$J_1^{B_2}=\{J_2,J_3\}$，$J_2^{B_2}=\{J_1\}$。对于 σ^{B_1}，可得 $L_1^{B_1}=1>L_2^A$ 并且 $L_2^{B_1}=\frac{1}{s}>L_1^A$。取联盟 $J_\Gamma=\{J_1,J_2\}$，则局势由 σ^{B_1} 变成 σ^A，联盟中工件 J_1、J_2 的费用都将减少，因此 σ^{B_1} 不是一个强均衡。对于 σ^{B_2}，可得

$$L_1^{B_2}=p_2+p_3=1 \geqslant \frac{1}{s}=\frac{p_1}{s}=L_2^{B_2}。$$

由于 $\frac{p_1+p_3}{s}=\frac{s-\varepsilon}{s}<L_1^{B_2}$，若工件 J_3 从机器 M_1 转移到机器 M_2，则它的费用将减少。因而 σ^{B_2} 甚至不是一个纳什均衡。

总而言之，σ^A 是最好的强均衡并且

$$\frac{C^*}{C^{BS}} \geqslant \frac{C^{B_2}}{C^A}=\frac{L_2^{B_2}}{L_1^A}=\frac{\frac{1}{s}}{2-s+\varepsilon}=\frac{1}{s(2-s+\varepsilon)} \rightarrow \frac{1}{2s-s^2}, \varepsilon \rightarrow 0。$$

区间 $\left[\frac{3}{2},2\right]$：有三个工件 J_1、J_2、J_3，其加工时间分别为 $p_1=2s-1, p_2=1+\varepsilon, p_3=1-\varepsilon, 0<\varepsilon<\frac{2-\varepsilon}{s}$。考虑局势 σ^A，$J_1^A=\{J_2\}$ 和 $J_2^A=\{J_1,J_3\}$。

注意到

$$L_1^A=p_2=1+\varepsilon\leqslant\frac{2s-\varepsilon}{s}=\frac{p_1+p_3}{s}=L_2^A。$$

若 σ^A 不是一个强均衡，可知 $J_\Gamma\cap J_2^A\neq\varnothing$。又 $p_2+p_1\geqslant p_2+p_3=2>L_2^A$，可知 $J_2\in J_\Gamma$。进一步，根据 $\frac{p_1+p_2}{s}\geqslant\frac{p_3+p_2}{s}=\frac{2}{s}>L_1^A$，可得 $J_\Gamma=J$。但 $p_1+p_3>\frac{p_1+p_3}{s}=L_2^A$，矛盾。因而 σ^A 是一个强均衡。

假定存在一个更好的强均衡 σ^B 满足 $C^B>C^A$。根据引理 6.7 可得

$$1+\varepsilon=L_1^A<L_1^B<T-sL_1^A=s+1-s\varepsilon。$$

由 $p_1+p_3=2s-\varepsilon\geqslant s+1-s\varepsilon$ 可知 σ^B 只有两种可能 σ^{B_1} 和 σ^{B_2}，$J_1^{B_1}=\{J_1\}$，$J_2^{B_1}=\{J_2,J_3\}$，$J_1^{B_2}=\{J_2,J_3\}$，$J_2^{B_2}=\{J_1\}$。对于 σ^{B_1}，可得 $L_1^{B_1}=2s-1>L_2^A$ 并且 $L_2^{B_1}=\frac{2}{s}>L_1^A$。取联盟 $J_\Gamma=\{J_1,J_2\}$，则局势由 σ^{B_1} 变成 σ^A，联盟中工件 J_1、J_2 的费用都将减少，因此 σ^{B_1} 不是一个强均衡。由于 $\frac{p_1+p_2+p_3}{s}=\frac{2s+1}{s}<2s-1=L_1^{B_1}$ 对任意的 $\frac{3+\sqrt{17}}{4}<s\leqslant 2$ 都成立，如果工件 J_1 选择的机器从 M_1 变成 M_2，则它的费用将会减少。因而当 $\frac{3+\sqrt{17}}{4}<s\leqslant 2$ 时，σ^{B_1} 甚至不是一个纳什均衡。对于 σ^{B_2}，可得

$$L_1^{B_2}=p_2+p_3=2>\frac{2s-1}{s}=\frac{p_1}{s}=L_2^{B_2}。$$

由于 $\frac{p_1+p_3}{s}=\frac{2s-\varepsilon}{s}<L_1^{B_2}$，如果工件 J_3 从机器 M_1 跳到机器 M_2，则它的费用将会减少。因而 σ^{B_2} 甚至不是一个纳什均衡。

所以，σ^A 是最好的强均衡并且满足

$$\frac{C^*}{C^{BS}}\geqslant\frac{C^{B_2}}{C^A}=\frac{L_2^{B_2}}{L_1^A}\geqslant\frac{\frac{2s-1}{s}}{1+\varepsilon}=\frac{2s-1}{s(1+\varepsilon)}\rightarrow\frac{2s-1}{2},\varepsilon\rightarrow 0。$$

进一步，当 $\frac{3+\sqrt{17}}{4}<s\leqslant 2$ 时 σ^A 是最好的纳什均衡并且

$$\frac{C^*}{C^{BN}}\geqslant\frac{C^B}{C^A}\geqslant\frac{2s-1}{s},\varepsilon\rightarrow 0。$$

接下来通过实例说明定理 6.2 是紧的。显然，只需要考虑 $1 < s \leqslant \frac{3+\sqrt{17}}{4}$ 的情形。

区间 $\left(1,\frac{4}{3}\right]$：有四个工件 J_1、J_2、J_3、J_4，其加工时间分别为 $p_1 = p_2 = 2-s+\varepsilon, p_3 = p_4 = s-1-\varepsilon, 0<\varepsilon<\frac{s^2-s}{s+1}$。构造一个局势 $\sigma^N, J_1^N=\{J_1\}$，$J_2^N=\{J_2,J_3,J_4\}$。由于

$$L_1^N = p_1 = 2-s+\varepsilon < \frac{s-\varepsilon}{s} = \frac{p_2+p_3+p_4}{s} = L_2^N,$$

并且 $p_1+p_2 \geqslant p_1+p_3 = p_1+p_4 = 1 > \frac{s-\varepsilon}{s} = L_2^N$，所以 σ^N 是一个纳什均衡。下一步我们说明 σ^N 是最好的纳什均衡。假定存在另一个纳什均衡 σ^B 满足 $C^B > C^N$。根据引理 6.7 可得

$$2-s+\varepsilon = L_1^N < L_1^B < T - sL_1^N = s^2-2s+2-s\varepsilon。$$

由于

$$p_1+p_2 \geqslant p_1+p_3+p_4 = p_2+p_3+p_4 = s-\varepsilon \geqslant s^2-2s+2-s\varepsilon$$

和

$$p_3+p_4 = 2(s-1-\varepsilon) \leqslant 2-s+\varepsilon,$$

可知 $J_1^B=\{J_1,J_3\}$ 和 $J_2^B=\{J_2,J_4\}$。事实上，因为 $p_1=p_2, p_3=p_4$，所以 J_1 和 J_2，J_3 和 J_4 的位置可以互换。因而

$$L_1^B = p_1+p_3 = 1 > \frac{1}{s} = \frac{p_2+p_4}{s} = L_2^B。$$

注意到 $\frac{p_2+p_3+p_4}{s} = \frac{s-\varepsilon}{s} < L_1^B$。如果工件 J_3 由选择 M_1 改为选择 M_2，则它的费用将会减少。这与 σ^B 是纳什均衡矛盾。所以 σ^N 是最好的纳什均衡并且

$$\frac{C^*}{C^{BN}} \geqslant \frac{C^B}{C^N} = \frac{L_2^B}{L_1^N} = \frac{\frac{1}{s}}{2-s+\varepsilon} = \frac{1}{s(2-s+\varepsilon)} \to \frac{1}{2s-s^2}, \varepsilon \to 0。$$

区间 $\left(\frac{4}{3},\sqrt{2}\right]$：有四个工件 J_1、J_2、J_3、J_4，其加工时间分别为 $p_1 = p_2 = 2-s+\varepsilon, p_3 = 2s-2-\varepsilon$ 和 $p_4 = 2-s-\varepsilon, 0<\varepsilon<\frac{1}{s+1}$。构建局势 $\sigma^N, J_1^N = \{J_1\}$ 和 $J_2^N=\{J_2,J_3,J_4\}$。根据

$$L_1^N = p_1 = s + \varepsilon \leqslant \frac{2s - \varepsilon}{s} = \frac{p_2 + p_3 + p_4}{s} = L_2^N,$$

以及 $p_1 + p_2 \geqslant p_1 + p_3 \geqslant p_1 + p_4 = 2 > \frac{2s - \varepsilon}{s} = L_2^N$，可知 σ^N 是一个纳什均衡。假定存在纳什均衡 σ^B 满足 $C^B > C^N$。根据引理 6.7 可得

$$s + \varepsilon = L_1^N < L_1^B < T - sL_1^N = 3s - s^2 - s\varepsilon。$$

由

$$p_1 + p_2 \geqslant p_1 + p_3 + p_4 = p_2 + p_3 + p_4 = 2s - \varepsilon \geqslant 3s - s^2 - s\varepsilon$$

和

$$p_3 + p_4 = s - 2\varepsilon \leqslant s + \varepsilon,$$

可知 σ^B 只有两种可能 σ^{B_1} 和 σ^{B_2}，$J_1^{B_1} = \{J_1, J_3\}$，$J_2^{B_1} = \{J_2, J_4\}$，$J_1^{B_2} = \{J_1, J_4\}$，$J_2^{B_2} = \{J_2, J_3\}$。事实上，因为 $p_1 = p_3$，所以工件 J_1、J_3 的位置可以互换。对于 σ^{B_1}，可得

$$L_1^{B_1} = p_1 + p_3 = 3s - 2 \geqslant \frac{2}{s} = \frac{p_2 + p_4}{s} = L_2^{B_1}。$$

注意到 $\frac{p_2 + p_3 + p_4}{s} = \frac{2s - \varepsilon}{s} < L_1^{B_1}$，如果工件 J_3 从选择 M_1 改为选择 M_2，则它的费用将会减少。这与 σ^{B_1} 是纳什均衡矛盾。对于 σ^{B_2}，可得

$$L_1^{B_2} = p_1 + p_4 = 2 \geqslant \frac{3s - 2}{s} = \frac{p_2 + p_3}{s} = L_2^{B_2}。$$

类似地，根据 $\frac{p_2 + p_3 + p_4}{s} = \frac{2s - \varepsilon}{s} < L_1^{B_2}$ 可知，如果工件 J_4 由选择 M_1 改为选择 M_2，则它的费用将会减少。这与 σ^{B_2} 是纳什均衡矛盾。因而 σ^N 是最好的纳什均衡并且

$$\frac{C^*}{C^{BN}} \geqslant \frac{C^{B_2}}{C^N} = \frac{L_2^{B_2}}{L_1^N} \geqslant \frac{\frac{3s - 2}{s}}{s + \varepsilon} = \frac{3s - 2}{s(s + \varepsilon)} \to \frac{3s - 2}{s^2}, \varepsilon \to 0。$$

区间 $\left(\sqrt{2}, \frac{3}{2}\right] \cup \left(\frac{1 + \sqrt{5}}{2}, s_0\right]$：有三个工件 J_1、J_2、J_3，其加工时间分别为 $p_1 = s^2 - s + 1$，$p_2 = 1 + \varepsilon$，$p_3 = s - 1 - \varepsilon$，其中，$0 < \varepsilon < \frac{s^2 - s}{s + 1}$。构造局势 σ^N，$J_1^N = \{J_2\}$，$J_2^N = \{J_1, J_3\}$。由

$$L_1^N = p_2 = 1 + \varepsilon \leqslant \frac{s^2 - \varepsilon}{s} = \frac{p_1 + p_3}{s} = L_2^N$$

和 $p_2+p_1 \geqslant p_2+p_3=s>\frac{s^2-\varepsilon}{s}=L_2^N$，可知 σ^N 是一个纳什均衡。假定存在纳什均衡 σ^B 满足 $C^B>C^N$。根据引理 6.7 可得

$$1+\varepsilon=L_1^N<L_1^B<T-sL_1^N=s^2-s+1-s\varepsilon<p_1。$$

因此 $J_1^B=\{J_2,J_3\}$，$J_2^B=\{J_1\}$。故

$$L_1^B=p_2+p_3=s \geqslant \frac{s^2-s+1}{s}=\frac{p_1}{s}=L_2^B。$$

注意到 $\frac{p_1+p_3}{s}=\frac{s^2-\varepsilon}{s}<s=L_1^B$。如果工件 J_3 由选择 M_1 改为选择 M_2，则它的费用将会减少。这与 σ^B 是纳什均衡矛盾。因而 σ^N 是最好的纳什均衡，并且

$$\frac{C^*}{C^{BN}} \geqslant \frac{C^B}{C^N}=\frac{L_2^B}{L_1^N} \geqslant \frac{\frac{s^2-s+1}{s}}{1+\varepsilon}=\frac{s^2-s+1}{s(1+\varepsilon)} \rightarrow \frac{s^2-s+1}{s}, \varepsilon \rightarrow 0。$$

区间 $\left(\frac{3}{2}, \frac{1+\sqrt{5}}{2}\right)$：有四个工件 J_1、J_2、J_3、J_4，其加工时间分别为 $p_1=p_2=p_3=s-1, p_4=2-s+\varepsilon, 0<\varepsilon<2s-3$。构造局势 σ^N，$J_1^N=\{J_1\}$，$J_2^N=\{J_2,J_3,J_4\}$。由

$$L_1^N=p_1=s-1 \leqslant \frac{s+\varepsilon}{s}=\frac{p_2+p_3+p_4}{s}=L_2^N$$

和 $p_1+p_2 \geqslant p_1+p_3 \geqslant p_1+p_4=1+\varepsilon>\frac{s+\varepsilon}{s}=L_2^N$，可知 σ^N 是一个纳什均衡。假定存在纳什均衡 σ^B 满足 $C^B>C^N$。根据引理 6.7 可得

$$s-1=L_1^N<L_1^B<T-sL_1^N=3s-1-s^2+\varepsilon。$$

又 $p_2+p_3+p_4=s+\varepsilon \geqslant 3s-1-s^2+\varepsilon$，因此 σ^B 只有两种可能 σ^{B_1} 和 σ^{B_2}，$J_1^{B_1}=\{J_1,J_2\}$，$J_2^{B_1}=\{J_3,J_4\}$，$J_1^{B_2}=\{J_1,J_4\}$，$J_2^{B_2}=\{J_2,J_3\}$。(因为 $p_1=p_2=p_3$，所以工件 J_1、J_2、J_3 的位置可以互换)对于 σ^{B_1}，可得

$$L_1^{B_1}=p_1+p_2=2s-2>\frac{1+\varepsilon}{s}=\frac{p_3+p_4}{s}=L_2^{B_1}。$$

注意到 $\frac{p_2+p_3+p_4}{s}=\frac{s+\varepsilon}{s}<2s-2=L_1^{B_1}$。如果工件 J_2 由选择 M_1 改为选择 M_2，则它的费用将会减少。这与 σ^{B_1} 是纳什均衡矛盾。对于 σ^{B_2}，可得

$$L_1^{B_2}=p_1+p_4=1+\varepsilon \geqslant \frac{2s-2}{s}=\frac{p_2+p_3}{s}=L_2^{B_2}。$$

类似地，根据 $\frac{p_2+p_3+p_4}{s}=\frac{s+\varepsilon}{s}<1+\varepsilon=L_1^{B_2}$ 可知，如果工件 J_4 由选择 M_1 改为选择 M_2，则它的费用将会减少。这与 σ^{B_2} 是纳什均衡矛盾。因而 σ^N 是最好的纳什均衡，并且

$$\frac{C^*}{C^{BN}}\geqslant\frac{C^{B_2}}{C^N}=\frac{L_2^{B_2}}{L_1^N}\geqslant\frac{\frac{2s-2}{s}}{s-1}=\frac{2}{s}。$$

区间 $\left(s_0,\frac{3+\sqrt{17}}{4}\right]$：有三个工件 J_1、J_2、J_3，其加工时间分别为 $p_1=1+\varepsilon$，$p_2=2s-s^2+2s\varepsilon$ 和 $p_3=s^2-s-1-2s\varepsilon$，$0<\varepsilon<\frac{s^2-s-1}{2s}$。构造局势 σ^N，$J_1^N=\{J_2\}$，$J_2^N=\{J_1,J_3\}$。由

$$L_1^N=p_2=2s-s^2+2s\varepsilon\leqslant\frac{s^2-s-(2s-1)\varepsilon}{s}=\frac{p_1+p_3}{s}=L_2^N$$

和 $p_2+p_1\geqslant p_2+p_3=s-1\geqslant\frac{s^2-s-(2s-1)\varepsilon}{s}=L_2^N$，可推知 σ^N 是一个纳什均衡。假定存在纳什均衡 σ^B 满足 $C^B>C^N$。根据引理 6.7 可得

$$2s-s^2+2s=L_1^N<L_1^B<T-sL_1^N=s^3-2s^2+s-(2s^2-1)\varepsilon。$$

又 $p_1+p_3=s^2-s-(2s-1)\varepsilon\geqslant s^3-2s^2+s-(2s^2-1)\varepsilon$，可知 σ^B 只有两种可能 σ^{B_1} 和 σ^{B_2}，$J_1^{B_1}=\{J_1\}$，$J_2^{B_1}=\{J_2,J_3\}$，$J_1^{B_2}=\{J_2,J_3\}$，$J_2^{B_2}=\{J_1\}$。对于 σ^{B_1}，可得

$$L_1^{B_1}=p_1=1+\varepsilon>\frac{s-1}{s}=\frac{p_2+p_3}{s}=L_2^{B_1}。$$

注意到 $\frac{p_1+p_2+p_3}{s}=\frac{s+\varepsilon}{s}<1+\varepsilon=L_1^{B_1}$。如果工件 J_1 由选择 M_1 改为选择 M_2，则它的费用将会减少。这与 σ^{B_1} 是纳什均衡矛盾。对于 σ^{B_2}，可得

$$L_1^{B_2}=p_2+p_3=s-1\geqslant\frac{1+\varepsilon}{s}=\frac{p_1}{s}=L_2^{B_2}。$$

类似地，根据 $\frac{p_1+p_3}{s}=\frac{s^2-s-(2s-1)\varepsilon}{s}<s-1=L_1^{B_2}$ 可知，如果工件 J_3 由选择 M_1 改为选择 M_2，则它的费用将会减少。这与 σ^{B_2} 是纳什均衡矛盾。因而 σ^N 是最好的纳什均衡，并且

$$\frac{C^*}{C^{BN}}\geqslant\frac{C^{B_2}}{C^N}=\frac{L_2^{B_2}}{L_1^N}\geqslant\frac{\frac{1+\varepsilon}{s}}{2s-s^2+2s\varepsilon}\to\frac{1}{2s^2-s^3},\varepsilon\to 0。$$ □

6.5　$s<2$ 时 POA 的上界

当 $s \geqslant 2$ 时，POA 趋于无穷(事实上，SPOA 也如此)。因此我们研究 $1<s<2$ 这一情形下的两台(三台)同类机模型的 POA 和 SPOA。假定局势 σ^N 是纳什均衡，n_i 表示集合 J_i^N 中工件的个数，即 $n_i=|J_i^N|$。我们首先证明对于任意 i，$L_i^N>0$ 都是成立的。假设存在 i 使得 $L_i^N=0$。因为 $n \geqslant m$，所以至少存在一台机器(记为 M_k)处理至少两个工件。令 $\{J_{j1},J_{j2}\} \subseteq J_k^N$，$p_{j1} \leqslant p_{j2}$，可得

$$L_i^N+\frac{p_{j1}}{s_i}=\frac{p_{j1}}{s_i} \leqslant \frac{p_{j1}+p_{j2}}{2s_i}<\frac{p_{j1}+p_{j2}}{s_k} \leqslant L_k^N,$$

与 σ^N 是纳什均衡矛盾。

引理 6.9　假设 σ^N 是一个纳什均衡，$C^N=L_i^N$，(1)若 $n_k>\frac{s_k}{s_i}$，则 $L_k^N \leqslant \frac{n_k s_i}{n_k s_i-s_k} L_i^N$；(2)若 $n_k=2$，$1 \leqslant \frac{s_k}{s_i}<2$，则 J_k^N 中任何一个工件的大小不超过 $\frac{s_i s_k}{2s_i-s_k} L_i^N$。

证明：(1)令 $J_{(k)}$ 为集合 J_k^N 中最小的工件，因此 $p_{(k)} \leqslant \frac{s_k}{n_k} L_k^N$。由于 σ^N 是一个纳什均衡，如果工件 $J_{(k)}$ 选择的机器从 M_k 变成 M_i，则它的花费并不会减少。因此 $L_k^N \leqslant L_i^N+\frac{p_{(k)}}{s_i} \leqslant L_i^N+\frac{s_k}{n_k s_i} L_k^N$，则 $L_k^N \leqslant \frac{n_k s_i}{n_k s_i-s_k} L_i^N$。

(2)令 $J_k^N=\{J_{j1},J_{j2}\}$，$p_{j1} \leqslant p_{j2}$。由于 σ^N 是一个纳什均衡，$\frac{p_{j1}+p_{j2}}{s_k}=L_k^N \leqslant L_i^N+\frac{p_{j1}}{s_i}$，因而 $p_{j2} \leqslant s_k L_i^N+\left(\frac{s_k}{s_i}-1\right) p_{j1} \leqslant s_k L_i^N+\left(\frac{s_k}{s_i}-1\right) p_{j2}$，满足 $p_{j1} \leqslant p_{j2} \leqslant \frac{s_i s_k}{2s_i-s_k} L_i^N$。 □

在分析两台同类机模型的 POA 之前，为了保持论证的完整性，我们将重述一个由 Kleiman 提出的引理。

引理 6.10　对于工件集 J 的任何一个纳什均衡 σ^N，存在一个具有最优值 $C^{*'}$ 的工件集 J' 和一个 J' 的纳什均衡 $\sigma^{N'}$，满足 $\frac{C^*}{C^N}=\frac{C^{*'}}{C^{N'}}$ 和 $|J_i^{N'}| \leqslant 2$，$i=1,2$。

证明:若 $|J_1^N|\leqslant 2$ 且 $|J_2^N|\leqslant 2$,结论显然成立。否则假定存在 i 使得 $|J_i^N|\geqslant 3$。记 J_i^N 中的两个工件为 J_{j1} 和 J_{j2},它们在 σ^N 和 σ^* 中均分配给相同的机器。用工件大小等于 $p_{j1}+p_{j2}$ 的一个工件 J_{j0} 替换 J_{j1} 和 J_{j2} 来建立一个新的工件集 J'。显而易见,$C^{*'}\geqslant C^*$。注意到 $\sigma^{N'}$ 也是工件集 J' 的一个纳什均衡,即除了 J_{j0} 选择机器 M_i,其余工件选择的机器均不变。进一步可知,$|J_i^{N'}|=|J_i^N|-1, C^N=C^{N'}$,因而 $\dfrac{C^*}{C^N}\leqslant\dfrac{C^{*'}}{C^{N'}}$。重复上述过程直到得到纳什均衡所需的性质。 □

引理 6.11 $Q_2||C_{\min}$ 的 POA 至多为

$$f(s)=\min\left\{\frac{2+s}{2+s-s^2},\frac{2}{s(2-s)}\right\}=\begin{cases}\dfrac{2+s}{2+s-s^2}, & 1<s\leqslant\sqrt{2}\approx 1.4142\\ \dfrac{2}{s(2-s)}, & \sqrt{2}<s<2\end{cases}。$$

证明:因为

$$s^3-s^2-s+2\geqslant s^3-2s^2+2=s(s-1)^2+(2-s)>0,$$

$$s<\min\left\{\frac{2+s}{2+s-s^2},\frac{2}{s(2-s)}\right\}=f(s), \tag{6.9}$$

另一方面,

$$\frac{2s^2+s}{2s^2+s-1}=1+\frac{1}{(2s-1)(s+1)}<1+\frac{s^2}{(2-s)(s+1)}=\frac{2+s}{2+s-s^2},$$

又因为 $(2s^4-3s^3+2s^2)+(2s-2)>0, \dfrac{2s^2+s}{2s^2+s-1}<\dfrac{2}{2s-s^2}$,因此

$$\frac{2s^2+s}{2s^2+s-1}<f(s)。 \tag{6.10}$$

□

假定局势 σ^N 是任意一个纳什均衡。根据引理 6.10,可假定 $n_1\leqslant 2, n_2\leqslant 2$。根据在局势 σ^N 中机器的最小负载我们可以分两种情形讨论。

情形 1:$L_1^N\leqslant L_2^N$。

如果 $n_2=1$,则局势 σ^N 是最优局势。否则 $n_2=2$,根据引理 6.9(1),可得 $L_2^N\leqslant\dfrac{2}{2-s}L_1^N$,有

$$\begin{aligned}C^*&\leqslant\frac{T}{s+1}=\frac{L_1^N+sL_2^N}{s+1}\leqslant\frac{1+\dfrac{2s}{2-s}}{s+1}L_1^N\\&=\frac{2+s}{(s+1)(2-s)}L_1^N=\frac{2+s}{2+s-s^2}C^N。\end{aligned}$$

为了证明 $C^* \leqslant \frac{2}{s(2-s)}C^N$，我们需要对 C^* 进行更精确的估计。令 $J_2^N = \{J_{j1}, J_{j2}\}$。若 $J_2^N \subseteq J_2^*$，则 $C^* = C^N$。否则，假定 $J_{j1} \in J_1^*$。根据引理6.9(2)，可得 $p_{ji} \leqslant \frac{s}{2-s}L_1^N, i=1,2$。若 $p_{j1} > \frac{p_{j2}+L_1^N}{s}$，则

$$C^* \leqslant \frac{T-p_{j1}}{s} = \frac{p_{j2}+L_1^N}{s} \leqslant \frac{\frac{s}{2-s}+1}{s}L_1^N = \frac{2}{s(2-s)}C^N。$$

否则

$$C^* \leqslant \frac{T}{s+1} = \frac{p_{j1}+p_{j2}+L_1^N}{s+1} \leqslant \frac{\frac{p_{j2}+L_1^N}{s}+p_{j2}+L_1^N}{s+1} = \frac{p_{j2}+L_1^N}{s}$$
$$\leqslant \frac{2}{s(2-s)}L_1^N = \frac{2}{s(2-s)}C^N。$$

情形2：$L_1^N > L_2^N$。

如果 $n_1 = 1$，由式(6.9)可得 $C^* \leqslant P(J_2^N) = sL_2^N = sC^N \leqslant f(s)C^N$。否则根据引理6.9(1)，得 $L_1^N \leqslant \frac{2s}{2s-1}L_2^N$，并利用式(6.10)，可得

$$C^* \leqslant \frac{T}{s+1} = \frac{L_1^N + sL_2^N}{s+1} \leqslant \frac{\frac{2s}{2s-1}+s}{s+1}L_2^N = \frac{2s^2+s}{(2s-1)(s+1)}L_2^N$$
$$= \frac{2s^2+s}{(2s-1)(s+1)}C^N \leqslant f(s)C^N。$$

下面对 $1=s_1=s_2<s_3=s$ 这一特殊情形下的三台同类机模型的POA进行讨论，在下一个引理中我们给出了最优值的更多上界。

引理6.12　$Q_3 \| C_{\min}$ 在 $1=s_1=s_2<s_3=s$ 的特殊情形下，以下 C^* 的上界均成立：(1) $C^* \leqslant \frac{1}{2}(T-p_j)$，$j=1,2,\cdots,n$；(2)在局势 σ^* 中，若 J_{j1} 和 J_{j2} 均分配给同一台机器，则 $C^* \leqslant \frac{1}{2}[T-(p_{j1}+p_{j2})]$。

证明：(1)假定存在 $j, 1 \leqslant j \leqslant n$，使得 $C^* > \frac{1}{2}(T-p_j)$。显而易见在最优局势中，不加工 J_j 的两台机器的负载都大于 $\frac{1}{2}(T-p_j)$，则所有工件的加工时间之和大于 $2 \times \frac{1}{2}(T-p_j)+p_j = T$，矛盾。因而 $C^* \leqslant \frac{1}{2}(T-p_j)$，$j=1,2,\cdots,n$。

(2)假定 $C^* > \frac{1}{2}[T-(p_{j1}+p_{j2})]$，不加工 J_{j1} 或 J_{j2} 的两台机器的负载都大于 $\frac{1}{2}[T-(p_{j1}+p_{j2})]$，则所有工件的加工时间之和大于

$$2\times\frac{1}{2}[T-(p_{j1}+p_{j2})]+p_{j1}+p_{j2}=T,$$

矛盾。因而 $C^* \leqslant \frac{1}{2}[T-(p_{j1}+p_{j2})]$。 □

定理 6.3 $Q_3 || C_{\min}$ 在 $1=s_1=s_2<s_3=s$ 的特殊情形下的 POA 为 $\frac{2+s}{2(2-s)}$。

证明：可以直接验证

$$\frac{9}{(s+2)(3-s)}<\frac{10-s}{2(s+2)(2-s)}<\frac{2+s}{2(2-s)}, \tag{6.11}$$

两个不等式都等价于 $s^2+5s-6\geqslant 0$。同样地，

$$\frac{6s^3+7s^2-4s}{(s+2)(2s-1)(3s-1)}\leqslant\frac{2s^2+s}{2(2s-1)}\leqslant\frac{2+s}{2(2-s)}。 \tag{6.12}$$

其中第一个不等式等价于 $(s-1)(6s^2+7s-6)\geqslant 0$，第二个不等式等价于 $2s^3-s^2+s-2\geqslant 0$。

假定局势 σ^N 是任意一个纳什均衡。我们根据在局势 σ^N 中最小负载的机器的速度分两种情形进行讨论。

情形 1：最小负载机器的速度为 1。

不失一般性，我们假设 $C^N=L_1^N$。若 $n_2=1, n_3=1$，则 σ^N 是一个最优局势。若 $n_2=1, n_3\geqslant 2$，则集合 J_2^N 中的唯一工件的大小为 L_2^N。根据引理 6.9(1)，得 $L_3^N\leqslant\frac{n_3}{n_3-s}L_1^N\leqslant\frac{2}{2-s}L_1^N$。利用引理 6.12(1)可得

$$C^*\leqslant\frac{T-L_2^N}{2}=\frac{L_1^N+sL_3^N}{2}\leqslant\frac{1+\frac{2s}{2-s}}{2}L_1^N=\frac{2+s}{2(2-s)}L_1^N=\frac{2+s}{2(2-s)}C^N。$$

若 $n_3=1, n_2\geqslant 2$，则集合 J_3^N 中的唯一工件的大小为 sL_3^N。根据引理 6.9(1)，得 $L_2^N\leqslant\frac{n_2}{n_2-1}L_1^N\leqslant 2L_1^N$。利用引理 6.12(1)可得

$$C^*\leqslant\frac{T-sL_3^N}{2}=\frac{L_1^N+L_2^N}{2}\leqslant\frac{3}{2}L_1^N\leqslant\frac{2+s}{2(2-s)}L_1^N=\frac{2+s}{2(2-s)}C^N。$$

若 $n_2=2, n_3=2$，则令 $J_2^N=\{J_{j1}, J_{j2}\}$，$J_3^N=\{J_{l1}, J_{l2}\}$。根据引理 6.9(2)，

可得 $p_{ji} \leqslant L_1^N < \frac{s}{2-s}L_1^N, p_{li} \leqslant \frac{s}{2-s}L_1^N, i=1,2$。显而易见，在局势 σ^* 中，至少有两个属于集合 $J_2^N \cup J_3^N$ 中的工件被分配给同一台机器。利用引理 6.12(2)可得

$$C^* \leqslant \frac{1}{2}\left(L_1^N + \frac{2s}{2-s}L_1^N\right) = \frac{2+s}{2(2-s)}L_1^N = \frac{2+s}{2(2-s)}C^N。$$

若 $n_2 \geqslant 2, n_3 \geqslant 3$，则根据引理 6.9(1)，得 $L_2^N \leqslant 2L_1^N, L_3^N \leqslant \frac{n_3}{n_3-s}L_1^N \leqslant \frac{3}{3-s}L_1^N$，并利用式(6.11)，可得

$$\begin{aligned} C^* &\leqslant \frac{L_1^N + L_2^N + sL_3^N}{s+2} \leqslant \frac{3+\frac{3s}{3-s}}{s+2}L_1^N = \frac{9}{(s+2)(3-s)}L_1^N \\ &= \frac{9}{(s+2)(3-s)}C^N \leqslant \frac{2+s}{2(2-s)}C^N。\end{aligned}$$

若 $n_2 \geqslant 3, n_3 = 2$，则根据引理 6.9(1)，得 $L_2^N \leqslant \frac{n_2}{n_2-1}L_1^N \leqslant \frac{3}{2}L_1^N, L_3^N \leqslant \frac{2}{2-s}L_1^N$，并利用式(6.11)，可得

$$\begin{aligned} C^* &\leqslant \frac{L_1^N + L_2^N + sL_3^N}{s+2} \leqslant \frac{\frac{5}{2}+\frac{2s}{2-s}}{s+2}L_1^N = \frac{10-s}{2(s+2)(2-s)}L_1^N \\ &= \frac{10-s}{2(s+2)(2-s)}C^N \leqslant \frac{2+s}{2(2-s)}C^N。\end{aligned}$$

情形 2：最小负载机器的速度为 s。

不失一般性，我们假设 $n_1 \leqslant n_2$。若 $n_1=1, n_2=1$，则 $C^* \leqslant P(J_3^N) = sL_3^N = sC^N \leqslant \frac{2+s}{2(2-s)}C^N$。若 $n_1=1, n_2 \geqslant 2$，集合 J_1^N 中的唯一工件的大小为 L_1^N。又根据引理 6.9(1)，得 $L_2^N \leqslant \frac{n_2 s}{n_2 s-1}L_3^N \leqslant \frac{2s}{2s-1}L_3^N$。根据引理 6.12(1)和式(6.12)可得

$$\begin{aligned} C^* &\leqslant \frac{T-L_1^N}{2} = \frac{L_2^N + sL_3^N}{2} \leqslant \frac{\frac{2s}{2s-1}+s}{2}L_3^N = \frac{2s^2+s}{2(2s-1)}C^N \\ &\leqslant \frac{2+s}{2(2-s)}C^N。\end{aligned}$$

若 $n_1=2, n_2=2$，根据引理 6.9(1)，得 $L_i^N \leqslant \frac{2s}{2s-1}L_3^N \leqslant 2L_3^N, i=1,2$。令

$J_2^N=\{J_{j1},J_{j2}\}$，其中 $p_{j1}\leqslant p_{j2}$。由于局势 σ^N 是一个纳什均衡，$L_3^N+\frac{p_{j1}}{s}\geqslant L_2^N$。因而

$$p_{j2}\leqslant L_2^N-p_{j1}\leqslant sL_3^N-(s-1)L_2^N\leqslant L_3^N。$$

总而言之，集合 $J_1^N\cup J_2^N$ 中的任何一个工件的大小都小于 L_3^N。显然，在局势 σ^* 中，集合 $J_1^N\cup J_2^N$ 中至少有两个工件分配给同一台机器加工。根据引理 6.12(2)可得

$$C^*\leqslant\frac{1}{2}(sL_3^N+2L_3^N)=\frac{s+2}{2}L_3^N<\frac{2+s}{2(2-s)}L_3^N=\frac{2+s}{2(2-s)}C^N。$$

若 $n_1\geqslant 2$ 且 $n_2\geqslant 3$，根据引理 6.9(1)可得 $L_1^N\leqslant\frac{n_1s}{n_1s-1}L_3^N\leqslant\frac{2s}{2s-1}L_3^N$，$L_2^N\leqslant\frac{n_2s}{n_2s-1}L_3^N\leqslant\frac{3s}{3s-1}L_3^N$，并利用式(6.12)，可得

$$C^*\leqslant\frac{L_1^N+L_2^N+sL_3^N}{s+2}\leqslant\frac{\frac{2s}{2s-1}+\frac{3s}{3s-1}+s}{s+2}L_3^N$$
$$=\frac{6s^3+7s^2-4s}{(s+2)(2s-1)(3s-1)}L_3^N<\frac{2+s}{2(2-s)}C^N。$$

接下来，将通过实例说明上节中得到的 POA 的界为紧的。有五个工件 J_1、J_2、J_3、J_4、J_5，其加工时间分别为 $p_1=s^2+2s$，$p_2=p_3=2s$，$p_4=p_5=2-s$。构造局势 σ^A，$J_1^A=\{J_1\}$，$J_2^A=\{J_4,J_5\}$ 和 $J_3^A=\{J_2,J_3\}$。注意到

$$L_1^A=p_1=s^2+2s>4-2s=p_4+p_5=L_2^A,$$

$$L_3^A=\frac{p_2+p_3}{s}=4>4-2s=L_2^A。$$

由

$$L_3^A+\frac{p_1}{s}=s+6>s^2+2s=L_1^A,L_3^A+\frac{p_4}{s}=L_3^A+\frac{p_5}{s}=\frac{3s+2}{s}>4-2s=L_2^A,$$
$$L_1^A+p_2=L_1^A+p_3=s^2+4s>4=L_3^A,\tag{6.13}$$

和

$$L_2^A+p_2=L_2^A+p_3=4=L_3^A,\tag{6.14}$$

可得 σ^A 是一个纳什均衡。另一方面，考虑局势 σ^B，$J_1^B=\{J_2,J_4\}$，$J_2^B=\{J_3,J_5\}$，$J_3^B=\{J_1\}$。显然，$L_1^B=L_2^B=L_3^B=s+2$。因而 $\frac{C^*}{C^A}\geqslant\frac{C^B}{C^A}=\frac{L_1^B}{L_2^A}=\frac{s+2}{4-2s}$。

注意到，当 $s \leqslant \frac{\sqrt{17}-1}{2}$ 时上述被给定的局势 σ^A 也是一个强均衡。假定 σ^A 不是强均衡。若 $J_1 \notin J_\Gamma$，又 $L_2^A < L_3^A$，则 $J_\Gamma \cap J_3^A \neq \varnothing$。根据式(6.13)可知，集合 J_3^A 中没有工件会选择机器 M_1。又 $s>1$，集合 J_3^A 中至多有一个工件会选择机器 M_2。假定 $J_\Gamma \cap J_3^A = \{J_2\}$。由于 $\frac{p_3+p_4}{s}=\frac{p_3+p_5}{s}=\frac{s+2}{s}>4-2s=L_2^A$，$L_2^A<L_1^A$，但是 $J_1 \notin J_\Gamma$，$J_\Gamma \cap J_2^A=\varnothing$，所以工件 J_2 的新费用是 $L_2^A+p_2=4=L_3^A$，矛盾。若 $J_1 \in J_\Gamma$，则在偏离中 J_1 只能选择机器 M_3。又当 $s \leqslant \frac{\sqrt{17}-1}{2}$ 时，$\frac{p_2+p_1}{s}=\frac{p_3+p_1}{s}=s+4 \geqslant s^2+2s=L_1^A$，因此 $J_3^A \subseteq J_\Gamma$。显然，当 $s>1$ 时，集合 J_3^A 中的两个工件不能选择相同的机器。不失一般性，假设工件 J_2 选择机器 M_1。根据式(6.14)可知，$J_\Gamma \cap J_2^A \neq \varnothing$。注意到 $p_2+p_4=p_2+p_5=2s+(2-s)=s+2>4-2s=L_2^A$，$\frac{p_1+p_4}{s}=\frac{p_1+p_5}{s}=\frac{(s^2+2s)+(2-s)}{s}=\frac{s^2+s+2}{s}>4-2s=L_2^A$，矛盾。因此 σ^A 是一个强均衡。 □

但是，当 $\frac{\sqrt{17}-1}{2}<s<2$ 时，σ^A 不是一个强均衡。考虑局势 σ^S，$J_1^S=\{J_2\}$，$J_2^S=\{J_4,J_5\}$，$J_3^S=\{J_1,J_3\}$。由于 $L_1^S=2s<4=L_3^A$，$L_3^S=s+4<s^2+2s=L_1^A$，则局势由 σ^A 变成 σ^S，联盟中工件 J_1、J_2 的费用将减少。

6.6　$s<2$ 时 SPOA 的上界

引理 6.13　$Q_2 \| C_{\min}$ 的 SPOA 至少为

$$f(s)=\min\left\{\frac{2+s}{2+s-s^2},\frac{2}{s(2-s)}\right\}=\begin{cases}\frac{2+s}{2+s-s^2}, & 1<s\leqslant\sqrt{2}\\ \frac{2}{s(2-s)}, & \sqrt{2}<s<2\end{cases}。$$

证明：对于 $1<s\leqslant\sqrt{2}$ 的情况，我们给出一个实例。有四个工件 J_1、J_2、J_3、J_4，其加工时间分别为 $p_1=p_2=s^2+s$，$p_3=s$，$p_4=2-s^2$。构造一个局势 σ^A，$J_1^A=\{J_3,J_4\}$，$J_2^A=\{J_1,J_2\}$。注意到

$$L_1^A=p_3+p_4=2+s-s^2<2s+2=\frac{p_1+p_2}{2}=L_2^A。$$

若 σ^A 不是一个强均衡，则有 $J_\Gamma \cap J_2^A \neq \varnothing$。由 $s>1$ 可知 J_1 和 J_2 不可能都属于偏离联盟 J_Γ。不失一般性，我们假定 $J_2 \in J_\Gamma$。又因为 $p_2+p_3+p_4=2s+2=L_2^A$，$J_\Gamma \cap J_1^A \neq \varnothing$。但是

$$\frac{p_1+p_3+p_4}{s}>\frac{p_1+p_3}{s}>\frac{p_1+p_4}{s}=\frac{s+2}{s}>2+s-s^2=L_1^A,$$

矛盾，因此 σ^A 是一个强均衡。另一方面，考虑 $J_1^*=\{J_1,J_4\}$，$J_2^*=\{J_2,J_3\}$ 和 $C^*=L_1^*=L_2^*=s+2$ 可得 $\dfrac{C^*}{C^A}=\dfrac{L_1^*}{L_1^A}=\dfrac{s+2}{2+s-s^2}$。

对于 $\sqrt{2}<s<2$，我们给出一个实例。有三个工件 J_1、J_2、J_3，其加工时间分别为 $p_1=p_2=s$，$p_3=2-s$。构造一个局势 σ^A，$J_1^A=\{J_3\}$，$J_2^A=\{J_1,J_2\}$。注意到

$$L_1^A=p_3=2-s<2=\frac{p_1+p_2}{2}=L_2^A。$$

若 σ^A 不是强均衡，则有 $J_\Gamma \cap J_2^A \neq \varnothing$。由 $s>1$ 可知 J_1 和 J_2 不可能都属于偏离联盟 J_Γ。不失一般性，我们假定 $J_2 \in J_\Gamma$。又因为 $p_2+p_3=2=L_2^A$，$J_3 \in J_\Gamma$，但是 $\dfrac{p_1+p_3}{s}=\dfrac{2}{s}>L_1^A$，矛盾。因此 σ^A 是一个强均衡。另一方面，存在一个局势 σ^B，$J_1^B=\{J_1\}$，$J_2^B=\{J_2,J_3\}$，使得

$$\frac{C^*}{C^A}\geqslant\frac{C^B}{C^A}=\frac{L_2^B}{L_1^A}=\frac{\frac{2}{s}}{2-s}=\frac{2}{s(2-s)}。 \qquad \square$$

根据引理 6.11、引理 6.13，可得以下定理。

定理 6.4 $Q_2 \| C_{\min}$ 的 POA 和 SPOA 均为

$$f(s)=\min\left\{\frac{2+s}{2+s-s^2},\frac{2}{s(2-s)}\right\}=\begin{cases}\dfrac{2+s}{2+s-s^2}, & 1<s\leqslant\sqrt{2}\\[2ex] \dfrac{2}{s(2-s)}, & \sqrt{2}<s<2\end{cases}。$$

最后对 $Q_3 \| C_{\min}$ 的一种特殊情形的 SPOA 的值作一些简单讨论。考虑五个工件 J_1、J_2、J_3、J_4、J_5，其加工时间分别为 $p_1=s^2+2s$，$p_2=p_3=2s$，$p_4=p_5=2-s$。构造局势 σ^A，$J_1^A=\{J_1\}$，$J_2^A=\{J_4,J_5\}$，$J_3^A=\{J_2,J_3\}$。注意到

$$L_1^A=p_1=s^2+2s>4-2s=p_4+p_5=L_2^A,L_3^A=\frac{p_2+p_3}{s}=4>4-2s=L_2^A。$$

由

$$L_3^A+\frac{p_1}{s}=s+6>s^2+2s=L_1^A, L_3^A+\frac{p_4}{s}=L_3^A+\frac{p_5}{s}=\frac{3s+2}{s}>4-2s=L_2^A,$$

$$L_1^A+p_2=L_1^A+p_3=s^2+4s>4=L_3^A, \tag{6.15}$$

和

$$L_2^A+p_2=L_2^A+p_3=4, \tag{6.16}$$

可得 σ^A 是一个纳什均衡。若考虑局势 σ^B，$J_1^B=\{J_2,J_4\}$，$J_2^B=\{J_3,J_5\}$，$J_3^B=\{J_1\}$，显然 $L_1^B=L_2^B=L_3^B=s+2$。因而 $\frac{C^*}{C^A}\geqslant\frac{C^B}{C^A}=\frac{L_1^B}{L_2^A}=\frac{s+2}{4-2s}$。

假定纳什均衡 σ^A 不是强均衡，令 J_Γ 表示一个联盟。易知 $|J_\Gamma|\geqslant 2$，并且 $J_\Gamma\neq J_2^A$，$J_\Gamma\neq J_3^A$。注意到

$$4-2s<\frac{(2-s)+2s}{s}=p_4+p_2=p_4+p_3=p_5+p_2=p_5+p_3。$$

不难理解 $J_\Gamma\not\subset J_2^A\cup J_3^A$，即 $J_1\in J_\Gamma$。根据 $s_1=s_2=1$，可得 $J_\Gamma\cap J_3^A\neq\varnothing$，不妨设 $J_2\in J_\Gamma$，并且在偏离中 J_1 只能选择 M_3。注意到若 $J_4(J_5)\in J_\Gamma$，根据 $4-2s<\frac{s^2+s+2}{s}=\frac{p_4+p_1}{s}=\frac{p_5+p_1}{s}$，可知在偏离中 $J_4(J_5)$ 只能重新选择 M_1，因而不难推出 $J_3^A\not\subset J_\Gamma$。不妨设 $J_3^A\cap J_\Gamma=\{J_4\}$，且 $J_2^A\not\subset J_\Gamma$。因而 J_Γ 只有两种可能：$J_\Gamma^1=\{J_1,J_2,J_4\}$，$J_\Gamma^2=\{J_1,J_4\}$。进一步，在 J_Γ^1 进行偏离中 J_1 重新选择 M_3，J_2 重新选择 M_2，J_4 重新选择 M_1；在 J_Γ^2 进行偏离中 J_1 重新选择 M_3，J_2 重新选择 M_1。经简单计算，可知两者成为联盟都等价于 $s(2+s)>s+4$。因此当 $1<s\leqslant\frac{\sqrt{17}-1}{2}$ 时，σ^A 也是强均衡；当 $s>\frac{\sqrt{17}-1}{2}$ 时，σ^A 不是强均衡。

因此，当 $1<s\leqslant\frac{\sqrt{17}-1}{2}$ 时，SPOA 也是 $\frac{2+s}{2(2-s)}$；当 $\frac{\sqrt{17}-1}{2}<s<2$ 时，SPOA 的确切值仍是未知的。

定理 6.5　在 $1=s_1=s_2<s_3=s\leqslant\frac{\sqrt{17}-1}{2}\approx 1.5616$ 的特殊情形下，$Q_3\,||\,C_{\min}$ 的 SPOA 为 $\frac{2+s}{2(2-s)}$。

通过以上分析我们可以发现，不同于两台同类机的情形，在某些 s 值情形下，三台同类机的 SPOA 和 POA 可能不同。

第7章 Parallel Processing 机制下的均衡分析

在早期的非合作排序博弈的研究中(Czumaj,Vocking,2002;Koutsoupias et al.,2003;Koutsoupias,Papadimitriou,2009),均以工件所在机器的完工时间作为工件的费用。这些研究被动地分析了纳什均衡在系统目标上的不足,没有考虑如何才能改进这种不足。2004年,Christodoulou等(2004)提出协调机制(coordination mechanisms),其目的是通过设计机制尽可能减少均衡无效率性。在非合作排序博弈中,协调机制表现为工件在机器上的加工模式和顺序,进而确定了工件的费用,此时工件的费用并不一定是所在机器的负载。本章主要介绍 Parallel Processing 机制下的均衡分析。

7.1 引言

Immorlica等(2009)较为系统地研究了平行机非合作排序博弈的各种机制。所谓 ShortestFirst 准则(ShortestFirst policy)是指每台机器上工件按加工时间的非减序加工,工件的费用被定义为工件的完工时间;LongestFirst 准则(LongestFirst policy)是指每台机器上工件按加工时间的非增序排列,工件的费用被定义为工件的完工时间;Randomized 准则(Randomized policy)是指每台机器上工件随机排列,工件的费用就是它的期望完工时间。而之前以所在机器的负载为工件费用的机制则被称为 Makespan 机制。Immorlica等(2009)证明了 ShortestFirst 机制下的纳什均衡与 SF_{greedy} 算法(Cho,Sahni,1980)所生成的排序一致,当限制机器类型为同类机时,LongestFirst 机制下的纳什均衡与 LF_{greedy} 算法(Dobson,1984)所生成的排序一致。在此基础上,他们给出了以 Makespan 为整体目标时相应问题的 POA。主要结果见表7-1。

表7-1 四种不同策略下博弈排序的 POA

	Makespan	ShortestFirst	LongestFirst	Randomized
$P_m \mid\mid C_{\max}$	$\frac{2m}{m+1}$ (Finn,Horowitz,1979; Schurman,Vredeveld,2007)	$\frac{2m-1}{m}$ (Graham,1966)	$\frac{4}{3}-\frac{1}{3m}$ (Christodoulou et al.,2004; Graham,1969)	$\frac{2m}{m+1}$ (Finn,Horowitz,1979;Schurman,Vredeveld,2007)

续表

	Makespan	ShortestFirst	LongestFirst	Randomized
$Q_m \mid\mid C_{\max}$	$\Theta\left(\frac{\log m}{\log \log m}\right)$ (Czumaj, Vocking, 2002)	$\Theta(\log m)$ (Ichiishi, 1981)	$1.54 < \rho < 1.577$ (Kovacs, 2010)	$\Theta\left(\frac{\log m}{\log \log m}\right)$ (Czumaj, Vocking, 2002)
$R_m \mid\mid C_{\max}$	Unbounded (Schurman, Vredeveld, 2007)	m (Ibarra, Kim, 1977; Cho, Sahni, 1980)	Unbounded (Immorlica et al., 2009)	$\Theta(m)$ (Immorlica et al., 2009)

Azar 等(2008)在不同类机模型基础上提出了一种新的协调机制——Inemciency-based 机制。在这种机制下每台机器上的工件按其加工时间与工件在机器上的最小加工时间的比值的非减序排列，工件的费用被定义为工件的完工时间。他们证明了 POA 为 $\Theta(\ln m)$ 并且该机制是接近最优的。Lee 等(2011)提出了同型机模型下的 Mixed(h) local 机制(Mixed(h) local policy)。在这种机制下，前 h 台机器上工件按 ShortestFirst 准则加工，后 $m-h$ 台机器上工件按 LongestFirst 准则加工，工件的费用被定义为工件的完工时间，他们证明了 POA 至多为 $2-\min\left\{\frac{1}{h},\frac{2}{m+1}\right\}$。以工件总完工时间为整体目标，Hoeksma 和 Uetz(2011)证明了同类机模型下 ShortestFirst 机制的 POA 介于 $1.58\left(\frac{e}{e-1}\approx 1.58\right)$ 与 2 之间。Lee 等(2011)证明了 m 台同型机模型下的 Mixed(h) local 机制的 POA 至少为 $\frac{m}{h}$，并且当 $h=1$ 时是紧的。Cole 等(2010)证明了不同类机模型下 ShortestFirst 机制的 POA 至多为 4。

以上这些机制的一个特点是工件加工不可中断。Cohen 等(2011)和 Yu 等(2010)独立提出了 Parallel Processing 机制。在该机制下，每台机器并行加工所有当前未完工的工件。具体地，设选择某台机器加工的所有工件的加工时间分别为 $p_1, p_2, \cdots, p_k$ 且 $p_1 \leqslant p_2 \leqslant \cdots \leqslant p_k$，且加工时间为 p_j 的工件的费用被定义为它的完工时间 $\sum_{t=1}^{k}\min\{p_t, p_j\}=\sum_{t=1}^{j}p_t+(k-j)p_j$。显然，该机制不是一个不可中断机制，因此其性质与其他机制有较大不同。对该机制，Cohen 等(2011)首先用势函数方法证明了纳什均衡的存在性，并证明了 m 台同型机模型的 SPOA 和 POA 均为 $2-\frac{1}{m}$，m 台同类机模型 SPOA 和 POA 均为 $\Theta(\ln m)$，m 台不同类机模型的 SPOA 和 POA 均为 $\Theta(m)$。

7.2 LS排序和纳什均衡的关系

一个LS排序是利用LS算法所得到的排序，即先给定工件的一个加工顺序，然后根据这个顺序将工件安排在使其最早完工的机器上加工所得到的排序。简而言之，一个LS排序可以由工件加工的一个顺序确定。在本小节中，我们将给出同型机环境下LS排序的一个特征刻画。

任给一个实例的不可中断排序 σ^T，$\mathcal{J}_i^T$ 是排序 σ^T 下安排在机器 M_i 上的工件集合，$L_i^T=\sum_{j\in J_i^T} p_j$ 是排序 σ^T 下机器 M_i 的负载，令 J_{T_i} 为排序 σ^T 下安排在机器 M_i 上的最后一个工件，$i=1,2,\cdots,m$。

定理 7.1 排序 σ^T 是LS排序当且仅当 σ^T 满足：$L_i^T\leqslant L_k^T+p_{T_i}$ 对 $\forall i\neq k$ 成立。

证明：必要性显然，下证充分性。我们对工件个数用数学归纳法分析。若排序 σ^T 中只有一个工件，结论显然成立。设 σ^T 是一个有 $n\geqslant 2$ 个工件的实例排序，且满足条件 $L_i^T\leqslant L_k^T+p_{T_i}$ 对 $\forall i\neq k$ 成立。下面构造工件的一个顺序 $\pi=(\pi(1),\pi(2),\cdots,\pi(n))$，使得按顺序 π 运行LS算法得到的排序即为 σ^T，其中 $\pi(j)$ 表示加工顺序 π 中的第 j 个加工工件。在每台机器上剔除最后一个工件后，设 M_{i_0} 为此时具有最大负载的一台机器，即

$$L_{i_0}^T-p_{T_{i_0}}=\sum_{J_j\in J_{i_0}^T\setminus\{J_{T_{i_0}}\}} p_j\geqslant\sum_{J_j\in\mathcal{J}_i^T\setminus\{\mathcal{J}_{T_i}\}} p_j=L_i^T-p_{T_i},i=1,2,\cdots,m。$$

我们将工件 $J_{T_{i_0}}$ 安排在 π 的最后，即令 $\pi(n)=J_{T_{i_0}}$。设 J_{j_0} 为排序 σ^T 下机器 M_{i_0} 上倒数第二个工件。现在我们考虑排序 σ^T 中剔除工件 $J_{T_{i_0}}$ 后所得到的排序，记为 σ^R，排序 σ^R 中只有 $n-1$ 个工件。不难理解，J_{j_0} 是排序 σ^R 下机器 M_{i_0} 上最后被安排的工件，即 J_{j_0} 就是工件 $J_{R_{i_0}}$，并且对 $\forall k\neq i_0$，J_{R_k} 就是工件 J_{T_k}。注意对 $\forall t\neq i_0$，有 $L_t^R=L_t^T$。对任意的 i、k 且 $i\neq k$，若 $i,k\neq i_0$，则

$$L_i^R=L_i^T\leqslant L_k^T+p_{R_i}=L_k^R+p_{R_i};$$

若 $i=i_0$，则 $k\neq i_0$，注意到 $L_{i_0}^T\leqslant L_k^T+p_{T_{i_0}}$，可得

$$L_{i_0}^R=L_{i_0}^T-p_{T_{i_0}}\leqslant L_k^T\leqslant L_k^T+p_{j_0}=L_k^R+p_{j_0};$$

若 $k=i_0$，则 $i\neq i_0$，注意到

$$\sum_{J_j\in\mathcal{J}_{i_0}^T\setminus\{J_{T_{i_0}}\}} p_j\geqslant\sum_{\mathcal{J}_j\in J_i^T\setminus\{J_{T_i}\}} p_j,i=1,2,\cdots,m,$$

可得

$$L_i^R - p_{R_i} = L_i^T - p_{T_i} = \sum_{J_j \in \mathcal{J}_i^T \setminus \{J_{T_i}\}} p_j \leqslant \sum_{J_j \in J_{i_0}^T \setminus \{J_{T_{i_0}}\}} p_j = L_{i_0}^T - p_{j_0} = L_{i_0}^R,$$

即 $L_i^R \leqslant L_{i_0}^R + p_{R_i}$。 □

根据归纳假设，可知排序 σ^R 是一个 LS 排序，令 π' 表示确定 σ^R 的顺序。因此 $\pi = (\pi', J_{T_{i_0}})$ 就是一个确定排序 T 的顺序。

注意到无论是 Makespan 机制还是 Parallel Processing 机制，在纳什均衡中选择每台机器的最大工件的费用等于它所选机器的负载，根据纳什均衡条件和定理 7.1，不难推出以下结论。

推论 7.1　对同型机环境，无论采取的是 Makespan 机制还是 Parallel Processing 机制，纳什均衡都能经 LS 排序得到。

对于同类机环境，上面的推论并不成立。考虑有三个工件和两台机器的一个实例，其中工件的加工时间分别为 2、2、3，机器的速度分别为 1、$2-\varepsilon$。在纳什均衡（无论采取的是 Makespan 机制还是 Parallel Processing 机制）中，加工时间为 2 的两个工件选择速度为 $2-\varepsilon$ 的机器，加工时间为 3 的工件选择速度为 1 的机器。容易验证没有 LS 排序和这个纳什均衡相符合。

由定理 7.1，对同型机，Parallel Processing 机制下的 POA 不超过 LS 算法的最坏情况界。因此，我们有下面的引理。

引理 7.1　(1) $P_m \,||\, C_{\max}$ 的 POA 至多为 $2-\frac{1}{m}$；(2) $P_m \,||\, C_{\min}$ 的 POA 至多为 m。

下面考虑 Parallel Processing 机制下的 POS。首先考虑 $P_m \,||\, C_{\max}$，对任意给定的 k，构造实例 I_k，有 $n=(m-1)mk+1$ 个工件，其中 $(m-1)mk$ 个小工件的加工时间为 1，一个大工件的加工时间为 mk。在最优局势中，大工件选择一台机器，而其余 $(m-1)mk$ 个小工件平均选择其余的 $m-1$ 台机器。因此，最优 makespan 为 mk。但对任意的纳什均衡，考虑大工件所选择的机器，我们断定至少有 $(m-1)k-1$ 个小工件同时选择这台机器。不然，根据鸽巢原理，在其余 $m-1$ 台机器中一定有一台机器至少有 $\left\lceil \frac{(m-1)mk-(m-1)k+2}{m-1} \right\rceil = (m-1)k+1$ 个小工件选择，此时选择这台机器的小工件的费用至少为 $(m-1)k+1$，而当其中某个小工件改变策略选择大工件所选择的机器时，其费用至多为 $(m-1)k$，矛盾。故每个纳什均衡的 makespan 至少为 $(m-1)k-1+mk$，因此 POS 至少为 $\frac{(m-1)k-1+mk}{mk} \to 2-\frac{1}{m}(k \to +\infty)$。

其次考虑 $P_m \mid\mid C_{\min}$，对任意给定的 k，构造实例 I_k，有 $km+m-1$ 个工件，其中 km 个小工件的加工时间都为 1，另外 $m-1$ 个大工件的加工时间都为 km。在最优局势 σ^* 中，小工件全部选择同一台机器，大工件平均选择其余的 $m-1$ 台机器。易知 σ^* 不是纳什均衡且 $C^*=km$。另一方面，对于任意的纳什均衡 σ^N，我们将证明 $C^N \leqslant k+1$，从而证明 $\mathrm{POS} \geqslant m$。假定存在一个满足 $k+2 \leqslant C^{NE} < km$ 的纳什均衡 σ^{NE}。不失一般性，假定 M_m 在 σ^{NE} 中决定目标函数值。显然没有大工件选择机器 M_m，并且根据纳什均衡的条件，没有两个或以上的大工件选择同一台机器，否则那些大工件将会改变策略选择机器 M_m 而受益。因此有且只有一个大工件选择机器 M_i，$i=1,2,\cdots,m-1$。又至多有 $km-(k+2)$ 个小工件选择机器 $M_1,M_2,\cdots,M_{m-1}$，从而根据鸽巢原理，在机器 $M_1,M_2,\cdots,M_{m-1}$ 中存在一台至多有 $\left\lfloor\dfrac{km-(m+2)}{m-1}\right\rfloor=k-1$ 个小工件选择的机器。注意到选择机器 M_m 的小工件的费用至少为 $k+2$，若选择 M_m 的其中一个小工件单独改变策略不选择机器 M_m，其费用至多为 $k+1$，它的费用将至少减少 1。故 POS 至少为 $\dfrac{mk}{k+1} \rightarrow m, k \rightarrow +\infty$。

根据 $\mathrm{POA} \geqslant \mathrm{POS}$ 和引理 7.1，可得下面的定理。

定理 7.2 (1) $P_m \mid\mid C_{\max}$ 的 $\mathrm{POA}=\mathrm{POS}=2-\dfrac{1}{m}$；(2) $P_m \mid\mid C_{\min}$ 的 $\mathrm{POA}=\mathrm{POS}=m$。

7.3 Parallel Processing 机制下的 $Q_2 \mid\mid C_{\max}$

定理 7.3 Parallel Processing 机制下的 $Q_2 \mid\mid C_{\max}$ 的 POA 为

$$\min\left\{\frac{1+s}{s},\frac{1+2s}{1+s}\right\}=\begin{cases}\dfrac{1+2s}{1+s}, & 1 \leqslant s < \dfrac{1+\sqrt{5}}{2} \\ \dfrac{1+s}{s}, & s \geqslant \dfrac{1+\sqrt{5}}{2}\end{cases}。$$

证明：首先我们证明 POA 的上界。设 σ^N、σ^* 分别表示纳什均衡、最优局势，C^N、C^* 是其相应的 makespan。记 $b=|L_1^N-L_2^N| \geqslant 0$。我们根据 s 的值进行讨论。

情形 1：$1 \leqslant s < \dfrac{1+\sqrt{5}}{2}$。

若决定 σ^N 的 makespan 的机器为 M_1，即 $C^N=L_1^N=L_2^N+b$，根据纳什均衡的条件，我们知道 $L_2>0$，故可以假定 $L_2=1$。根据 σ^N 是纳什均衡，可知选

择机器 M_1 的工件的加工时间都不小于 bs，否则它将能通过单方面改变策略选择 M_2 而受益。故易知 $C^* \geqslant \frac{bs}{s}=b$。另一方面，$C^* \geqslant \frac{T}{s}=\frac{1+b+s}{s}$。因此

$$\frac{C^N}{C^*} \leqslant \min\left\{\frac{1+b}{b}, \frac{1+b}{\frac{1+b+s}{s}}\right\}=\min\left\{\frac{1+b}{b}, \frac{s(1+b)}{1+b+s}\right\} \leqslant \frac{1+2s}{1+s}。$$

若决定 σ^N 的 makespan 的机器为 M_2，即 $C^N=L_2^N=L_1^N+b$。若只有一个工件选择机器 M_2，则 σ^N 就是最优局势。若至少有两个或以上工件选择机器 M_2，此时我们断言 $L_1>0$。否则根据 $s<\frac{1+\sqrt{5}}{2}<2$，选择机器 M_2 的最小工件就会改变策略选择机器 M_1 而获益。故可以假定 $L_1=1$。设工件 J_q 是选择机器 M_2 的最大工件，根据纳什均衡的条件，有 $p_q \geqslant b$。否则工件 J_q 会选择机器 M_1 而受益。故 $C^* \geqslant \frac{p_q}{s} \geqslant \frac{b}{s}$。另一方面，$C^* \geqslant \frac{T}{1+s} \geqslant \frac{1+(1+b)s}{1+s}$。因而

$$\frac{C^N}{C^*} \leqslant \min\left\{\frac{1+b}{\frac{b}{s}}, \frac{1+b}{\frac{1+(1+b)s}{1+s}}\right\}=\min\left\{s\frac{1+b}{b}, (1+s)\frac{1+b}{1+(1+b)s}\right\}$$

$$\leqslant \frac{1+2s}{1+s}。$$

情形 2：$s \geqslant \frac{1+\sqrt{5}}{2}$。

若决定 σ^N 的 makespan 的机器为 M_1，即 $C_1^N=L_1^N=L_2^N+b$，根据纳什均衡的条件，我们知道 $L_2>0$，故可以假定 $L_2=1$。设 J_r 是选择机器 M_1 的最大工件，根据纳什均衡的条件可知 $p_r \geqslant bs$。又 $p_r \leqslant L_1^N=1+b$，故 $bs \leqslant 1+b$，即

$$b \leqslant \frac{1}{s-1}。\tag{7.1}$$

根据 $C^* \geqslant \frac{T}{1+s}=\frac{1+b+s}{1+s}$ 和式(7.1)可得

$$\frac{C^N}{C^*} \leqslant \frac{1+b}{\frac{1+b+s}{1+s}}=\frac{(1+s)(1+b)}{1+b+s} \leqslant \frac{1+s}{s}。$$

若决定 σ^N 的 makespan 的机器为 M_2，即 $C^N=L_2^N>0$，易知 $C^* \geqslant \frac{T}{1+s} \geqslant \frac{sL_2}{1+s}$，可得

$$\frac{C^N}{C^*} \leqslant \frac{L_2}{\frac{sL_2}{1+s}} = \frac{1+s}{s}。 \qquad \square$$

对于紧的实例，我们用表 7-2 来说明。

表 7-2 紧例

s 的取值范围	最优局势		纳什均衡		POA
	M_1	M_2	M_1	M_2	
$1 \leqslant s < \frac{3}{2}$	$\left\{\frac{s}{2}, \frac{s}{2}, \frac{1+s-s^2}{s}\right\}$	$\{1+s\}$	$\left\{\frac{s}{2}, \frac{s}{2}\right\}$	$\left\{1+s, \frac{1+s-s^2}{s}\right\}^*$	$\frac{1+2s}{1+s}$
$\frac{3}{2} \leqslant s < \frac{1+\sqrt{5}}{2}$	$\left\{\frac{s}{3}, \frac{s}{3}, \frac{s}{3}, \frac{1+s-s^2}{s}\right\}$	$\{1+s\}$	$\left\{\frac{s}{3}, \frac{s}{3}, \frac{s}{3}\right\}$	$\left\{1+s, \frac{1+s-s^2}{s}\right\}^*$	$\frac{1+2s}{1+s}$
$\frac{1+\sqrt{5}}{2} \leqslant s < 2$	$\{s\}$	$\{s^2-s-1, 1+s\}$	$\{1+s\}^*$	$\{s^2-s-1, s\}$	$\frac{1+s}{s}$
$2 \leqslant s$	$\{1\}$	$\{s\}$	$\varnothing$	$\{1, s\}^*$	$\frac{1+s}{s}$

注：标有 * 的机器决定 makespan。

注意到在 Parallel Processing 机制下，$Q_2 \| C_{\max}$ 的 POA 与 LS 算法的最坏情况界相同，但该结论无法由推论 7.1 得出，因为该结论只适用于同型机。

在本节的最后，我们对 POS 进行简要讨论。在上面的紧例中，我们可以发现对于 $s>2$ 的实例事实上只有一个纳什均衡。故当 $s>2$ 时，$\mathrm{POS}=\mathrm{POA}=\frac{1+s}{s}$。当 $1<s \leqslant 2$ 时，我们考虑实例，有总加工时间为 $1+s$ 的加工时间任意小的工件集合和一个加工时间为 $s+s^2$ 的工件。在这样的实例中，只有一个纳什均衡，即总加工时间为 1 的小工件选择机器 M_1，总加工时间为 s 的小工件和大工件选择机器 M_2，其中 makespan 为 $2+s$。而另一方面，在最优局势中，所有小工件全部选择机器 M_1 而大工件选择机器 M_2，其中 makespan 为 $1+s$。因此 POS 至少为 $\frac{2+s}{1+s}$。

7.4 Parallel Processing 机制下的 $Q_2 \| C_{\min}$

以下引理的证明比较简单，此处略去。

引理 7.2 有 n 个工件 $J_1, J_2, \cdots, J_n$；$p_1, p_2, \cdots, p_n$ 表示工件相应的加工

时间，则 $C^* \leqslant \sum_{k \neq j} p_k, j = 1, 2, \cdots, n$，其中 C^* 表示最优目标函数值。

定理 7.4　Parallel Processing 机制下的 $Q_2 \mid\mid C_{\min}$ 的 POA 为 $\begin{cases} \dfrac{2}{2-s}, & 1 \leqslant s < 2 \\ +\infty, & s \geqslant 2 \end{cases}$。

证明：先讨论 $s \geqslant 2$ 的情形。构造一个实例，有两个相同的工件，其加工时间都是 1。若两个工件都选择机器 M_2，则这是一个纳什均衡并且目标函数值为 0。而在最优局势中两个工件选择不同的机器，其目标函数值为 $\frac{1}{s}$。故 POA $\geqslant +\infty$。下面讨论 $1 \leqslant s < 2$ 的情形。

令 σ^N 为一个纳什均衡，我们分两种情形讨论。

情形 1：$C^N = L_1^N$。

在这种情形下，机器 M_1 决定目标函数值，$L_2^N - L_1^N \geqslant 0$。类似于定理 7.3 的讨论，不妨假定 $L_1^N = 1$。设 $\mathcal{J}_2^N = \{J_{j_1}, J_{j_2}, \cdots, J_{j_t}\}$，$p_{j_1} \leqslant p_{j_2} \leqslant \cdots \leqslant p_{j_t}$。若 $|\mathcal{J}_2^N| = 1$，则 σ^N 是一个最优局势，故可以假定 $|\mathcal{J}_2^N| \geqslant 2$。考虑工件 $J_{j_{t-1}}$，注意 σ^N 是一个纳什均衡，故当它单方面改变策略选择 M_1 时，不能减少费用。即

$$\frac{\sum_{k=1}^{t-2} p_{j_k} + 2p_{j_{t-1}}}{s} \leqslant \sum_{J_j \in \mathcal{J}_1^N} \min\{p_j, p_{j_{t-1}}\} + p_{j_{t-1}} \leqslant \sum_{J_j \in \mathcal{J}_1^N} p_j + p_{j_{t-1}} = 1 + p_{j_{t-1}},$$

上式等价于

$$\sum_{k=1}^{t-2} p_{j_k} + (2-s) p_{j_{t-1}} \leqslant s。$$

当 $1 \leqslant s < 2$ 时，有

$$(2-s) \sum_{k=1}^{t-1} p_{j_k} = (2-s) \sum_{k=1}^{t-2} p_{j_k} + (2-s) p_{j_{t-1}} \leqslant \sum_{k=1}^{t-2} p_{j_k} + (2-s) p_{j_{t-1}} \leqslant s,$$

因而

$$\sum_{k=1}^{t-1} p_{j_k} \leqslant \frac{s}{2-s}。 \tag{7.2}$$

根据引理 7.2 和式(7.2)，得

$$C^* \leqslant T - p_{j_t} = L_1^N + (sL_2^N - p_{j_t}) \leqslant 1 + \sum_{k=1}^{t-1} p_{j_k} = 1 + \frac{s}{2-s} = \frac{2}{2-s}。$$

情形 2：$C^N = L_2^N$。

在这种情形下，机器 M_2 决定目标函数值，$L_1^N - L_2^N \geqslant 0$。类似于定理 7.5

的讨论，不妨假定 $L_2^N=1, b=L_1^N-L_2^N\geqslant 0$。一方面，有

$$C^*\leqslant\frac{T}{1+s}=\frac{L_1^N+sL_2^N}{1+s}=\frac{1+s+b}{1+s};\tag{7.3}$$

另一方面，令 J_a 表示 $\mathcal{J}_1^N$ 中加工时间最大的工件，由于 σ^N 是纳什均衡，不难推出 $p_a\geqslant bs$。再利用引理 7.2，可得

$$C^*\leqslant T-p_a=L_1^N+sL_2^N-p_a\leqslant(1+s)-(s-1)b。\tag{7.4}$$

根据式(7.3)、式(7.4)得

$$C^*\leqslant\min\left\{\frac{1+b+s}{1+s},(1+s)-(s-1)b\right\}\leqslant 1+\frac{1}{s}\leqslant\frac{2}{2-s}。$$

综合以上两种情形，可知 $\mathrm{POA}\leqslant\dfrac{2}{2-s}$。

紧例构造如下。有三个工件 J_1、J_2、J_3，加工时间分别为 $p_1=2-s, p_2=s, p_3=2s$。在纳什均衡 σ^N 中，$\mathcal{J}_1^N=\{J_1\}$，$\mathcal{J}_2^N=\{J_2,J_3\}$，可知 $C^N=2-s$。在最优局势 σ^* 中，$\mathcal{J}_1^*=\{J_1,J_2\}$，$\mathcal{J}_2^*=\{J_3\}$，可知 $C^*=2$。故 $\mathrm{POA}\geqslant\dfrac{C^*}{C^N}=\dfrac{2}{2-s}$。

类似于定理 7.3 的讨论，容易知道当 $s>2$ 时，$\mathrm{POS}=\mathrm{POA}=+\infty$；当 $1<s\leqslant 2$ 时，我们考虑实例，有总加工时间为 $1+s$ 的加工时间任意小的工件集合和一个加工时间为 $s+s^2$ 的工件。在这样的实例中，只有一个纳什均衡，即总加工时间为 1 的小工件选择 M_1，总加工时间为 s 的小工件和大工件选择 M_2，其目标函数值为 1。而另一方面，在最优局势中，所有小工件全部选择机器 M_1 而大工件选择机器 M_2，其目标函数值为 $1+s$。因此 POS 至少为 $1+s$。

7.5 Parallel Processing 机制下的 $R_m||C_{\max}$

Yu 等(2010)曾提出 Parallel Processing 机制下的 $R_m||C_{\max}$ 的 POA 为 $\Omega\log m$，但随后 Wan 等(2013)用一个具体的实例(如表 7-3 所示)指正该观点是错误的并给出以下正确的定理。

表 7-3 $b=3$ 时的实例

机器	工件 1	工件 2	工件 3	工件 4	工件 5	工件 6	工件 7
机器 1				$\frac{1}{3}^*$		$\frac{5}{6}^*$	$\frac{11}{6}^*$
机器 2			$\frac{1}{2}^*$		$\frac{3}{2}^*$		1

续表

机器	工件 1	工件 2	工件 3	工件 4	工件 5	工件 6	工件 7
机器 3		1*				1	
机器 4	1*				1		
机器 5				1			
机器 6			1				
机器 7		1					
机器 8	1						

注：* 指定将每个作业分配给其上位机器；注意到工件 7 将通过从机器 1 切换到机器 2 将其完工时间从 3 减少到 $\frac{2}{5}$。

定理 7.5 Parallel Processing 机制下的 $R_m || C_{\max}$ 的 POA 至少为 $\Omega \log m$。

证明：构造一个实例，对于 $0 \leqslant i \leqslant b+1$，令

$$m_i = \frac{1}{2}(2+\sqrt{2})^{b+1-i} + \frac{1}{2}(2-\sqrt{2})^{b+1-i}。\tag{7.5}$$

更具体地，$m_{b+1}=1, m_b=2m_{b+1}$ 且 $m_i = 2m_{i+1} + \sum_{j=1}^{b-i} 2^j m_{i+1+j}$，其中 $i=0,1,2,\cdots,b-1$。

有 $m=\sum_{j=0}^{b+1} m_j = 2m_0 - 2m_1 + 1$ 台机器和 $n=\sum_{i=0}^{b} m_i = \sum_{j=1}^{b+1} 2^j m_j = 2m_0 - 2m_1$ 个工件。工件被分为 $b+1$ 组，分别记为 $I_0, I_1, \cdots, I_b$，并且 I_i 包含 m_i 个工件，$0 \leqslant i \leqslant b$。机器被分为 $b+2$ 组，分别记为 $J_0, J_1, \cdots, J_{b+1}$，并且 J_i 包含 m_j 台机器，$0 \leqslant j \leqslant b+1$。除了 J_0，每台在组 j 的机器与 2^j 个工件联系在一起，称之为这些工件的快机器。具体地，对于每一台在组 J_j 中的机器，有两个工件来自 I_{j-1} 及 2^{j-t-1} 个工件来自 $I_t, 0 \leqslant t \leqslant j-2$。具体如表 7-4 所示。

表 7-4 与 J_j $(1 \leqslant j \leqslant b+1)$ 中（快）机器联系的工件

项目	I_0	I_1	…	I_{j-2}	I_{j-1}
工件数量	2^{j-1}	2^{j-2}	…	2	2
加工时间	$\frac{1}{2^{j-1}} - \frac{1}{2^j}$	$\frac{1}{2^{j-2}} - \frac{1}{2^j}$	…	$\frac{1}{2} - \frac{1}{2^j}$	$1 - \frac{1}{2^j}$
完工时间	1	2	…	$j-1$	j

因为 $n=\sum_{j=1}^{b+1}2^j m_j$，因此每个工件只能被联系一次。即每个工件只能有一台快机器。

现在，我们设置工件的加工时间。首先，每个工件在两台机器上都只有有限的加工时间。其次，如果每个工件来自 $I_i(0\leqslant i\leqslant b)$ 且联系一台 $J_j(i+1\leqslant j\leqslant b+1)$ 中的快机器，那么，我们设置该工件的加工时间为 $\frac{1}{2^{j-i-1}}-\frac{1}{2^j}<1$。具体如表 7-4 所示。我们选择一台 J_i 中的机器，称之为工件的慢机器，并且设置工件在该台机器上的加工时间为 1。由于有 m_i 个工件在组 I_i 中，有 m_i 台机器在组 J_i 中，$0\leqslant i\leqslant b$，我们总是可以选择不同的机器作为下一个工件的慢机器。因此，每个工件必须有一台慢机器。

在最优局势中，每个作业都分配给它的慢机器，其 makespan 为 $L^*=1$。另一方面，我们可以证明工件分配给它们的快机器(不妨记为 σ)构成了纳什均衡。事实上，假设 I_i 中工件有在 J_j 中的快机器，$i+1\leqslant j\leqslant b+1$，那么，该工件在纳什均衡 σ 的完工时间为 $\sum_{k=0}^{i-1}2^{j-1-k}\left(\frac{1}{2^{j-1-k}}-\frac{1}{2^j}\right)+2^{j-i}\left(\frac{1}{2^{j-1-i}}-\frac{1}{2^j}\right)=i+1$，具体如表 7-4 所示。由于它的慢机器在 J_i 中(在 σ 中完工时间为 i)并且工件的加工时间为 1，因此切换到慢机器也必须导致其完工时间为 $i+1$。因此，我们可以得出结论：σ 中的每个工件都不会因选择不同的机器而受益，即 σ 为纳什均衡。由于 $L^\sigma=b$，因此 $\mathrm{POA}\geqslant\frac{L^\sigma}{L^*}=b+1\geqslant\frac{1}{2}\log m$，其中最后一个不等式可由 m 的定义及式(7.5)可推出。定理 7.5 得证。 □

参考文献

AGNETIS A，CHEN B，NICOSIA G，et al.，2019. Price of fairness in two-agent single-machine scheduling problems[J]. European Journal of Operational Research，276(1)：79-87.

AGNETIS A，MIRCHANDANI P B，PACCIARELL D，et al.，2004. Scheduling problems with two competing agents[J]. Operations Research，52(2)：229-242.

ANDELMAN N，FELDMAN M，MANSOUR Y，2009. Strong price of anarchy[J]. Games and Economic Behaviour，65(2)：289-317.

ANSHELEVICH E，DASGUPTA A，KLEINBERG J，et al.，2004. The price of stability for network design with fair cost allocation[C]. Proceedings of the forty-fifth annual IEEE symposium on foundations of computer science：59-73.

ASPNES J，AZAR Y，FIAT A，et al.，1997. On-line routing of virtual circuits with applications to load balancing and machine scheduling[J]. Journal of ACM，44(3)：486-504.

AUMANN R J，1959. Acceptable points in general cooperative n-person games[M]// Contributions to the Theory of Games (A. W. Tucker and R. D. Luce，Eds). Princeton：Princeton university Press：287-324.

AZAR Y，JAIN K，and MIRROKNI V，2008. (Almost) optimal coordination mechanisms for unrelated machine scheduling[C]. Proceedings of the nineteenth annual. ACM-SIAM symposium on Discrete algorithms (SODA'08)：323-332.

BAKER K R，SMITH J C，2003. A multiple-criterion model for machine scheduling[J]. Journal of Scheduling，6：7-16.

BANSAL N，SVIRIDENKO M，2006. The Santa Claus problem[C]. Proceedings of the thirty-eighth annual ACM Symposium on Theory of Computing (STOC'06)，31-40.

BERTISMAS D，FARISA V，TRICHAKIS N，2011. The price of fairness[J]. Operations Research，59(1)：17-31.

BORM P，FIESTRAS-JANEIRO G，HAMERS H，et al.，2002. On the convexity of games corresponding to sequencing situations with due dates[J]. European Journal of Operational Research，136：616-634.

BONDAREVA O N，1963. Certain applications of the methods of linear programming to the theory of cooperative games[J]. Problemy Kibernetiki in Russian，10：119-139.

BRANZEI R，DIMITROV D，TIJS S，2008. 合作博弈理论模型[M]. 刘小冬，刘九强，译. 北京：科学出版社.

CALLEJA P, BORM P, HAMERS H, et al., 2002. On a New Class of Parallel Sequencing Situations and Related Games[J]. Annals of Operations Research, 109: 265-277.

CHEN Q L, 2006. A new discrete bargaining model on job partition between two manufacturers[D]. Hong Kong: The Chinese University of Hong Kong.

CHEN X Y, EPSTEIN L, TAN Z Y, 2011. Semi-online machine covering for two uniform machines[J]. Theoretical Computer Science, 410(47/48/49): 5047-5062.

CHO Y, SAHNI S, 1980. Bounds for list schedules on uniform processors[J]. SIAM Journal on Computing, 9(1): 91-103.

CHRISTODOULOU G, KOUTSOUPIAS E, NANAVATI A, 2004. Coordination mechanisms[C]. Proceedings of the 31st International Colloquium on Automata, Languages and Programming (ICALP'04), Lecture Notes in Computer Science 3142: 345-357.

COHEN J, DURR C, KIM T N, 2011. Non-clairvoyant Scheduling Games[J]. Theory of Computing Systems, 49(1): 3-23.

COLE R, GKATZELIS V, MIRROKNI V S, 2010. Coordination mechanisms for weighted sum of completion times in machine scheduling[J]. Stoc, DOI: abs/1010.1886.

CSIRIK J, KELLERER H, WOEGINGER G, 1992. The exact LPT-bound for maximizing the minimum completion time[J]. Operations Research Letters, 11(5): 281-287.

CURIEL I, PEDERZOLI G, TIJS S, 1989. Sequencing games[J]. European Journal of Operational Research, 40: 344-351.

CURIEL I, POTTERS J, PRASAD R, et al., 1993. Cooperation in one machine scheduling [J]. Methods and Models of Operations Research, 38: 113-131.

CURIEL I, POTTERS J, PRASAD R, et al., 1994. Sequencing and cooperation[J]. Operations Research, 42: 566-568.

CURIEL I, TIJS S, 1986. Assignment games and permutation games[J]. Methods and Models of Operations Research, 54: 323-334.

CZUMAJ A, VOCKING B, 2002. Tight bounds for worst case equilibria[C]. Proceedings of the thirteenth annual ACM-SIAM symposium on Discrete algorithms (SODA '02): 413-420.

DEUERMEYER B L, FRIESEN D K, LANGSTON A M, 1982. Scheduling to maximize the minimum processor finish time in a multiprocessor system[J]. SIAM Journal on Discrete Mathematics, 3(2): 190-196.

DOBSON G, 1984. Scheduling independent tasks on uniform processor[J]. SIAM Journal on Computing, 13(4): 705-716.

DOU W Q, GU Y H, TANG G C, 2012. The nash bargaining solution of two-person cooperative games on total completion time scheduling[J]. Journal of Chongqing Normal University (Natural Science), 29: 1-5.

EPSTEIN L, 2005. Tight bounds for online bandwidth allocation on two links[J]. Discrete Applied Mathematics, 148(2): 181-188.

EPSTEIN L, 2010. Equilibria for two parallel links: The strong price of anarchy versus the price of anarchy[J]. Acta Informatica, 47(7/8): 375-389.

EPSTEIN L, KLEIMAN E, STEE R V, 2009. Maximizing the minimum load: The cost of selfishness[C]. Proceedings of the 5th International Workshop on Internet and Network Economics (WINE'09), Lecture Notes in Computer Science, 5925: 232-243.

EPSTEIN L, LEVIN A, STEE R V, 2007. Max-min online allocations with a recording buffer[J]. SIAM Journal on Discrete Mathematics, 25(3): 1230-1250.

EPSTEIN L, STEE R V, 2012. The price of anarchy on uniformly related machines revisited [J]. Information and computation, 212: 37-54.

EVEN-DAR E, KESSELMAN A, and MANSOUR Y, 2003. Convergence time to Nash equilibrium in load balancing[C]. Proceedings of the 30th International Colloquium on Automata, Languages and Programming (ICALP'03), Lecture Notes in Computer Science, 2719: 502-513.

FIAT A, KAPLAN H, LEVY M, et al., 2007. Strong price of anarchy for machine load balancing [C]. Proceedings of the 34th International Colloquium on Automata, Languages and Programming (ICALP'07), Lecture Notes in Computer Science, 4596: 583-594.

FINN G, HOROWITZ E, 1979. A linear time approximation algorithm for multiprocessor scheduling[J]. BIT, 19(3): 312-320.

GILLIES D B, 1953. Some theorems on n-person games [M]. Princeton: Princeton University Press.

GONZÁLEZ-DÍAZ J, GARCÍA-JURADO L, FIESTRAS-JANEIRO M G, 2010. An Introductory Course on Mathematical Game Theory [M]. Providence American Mathematical Society.

GRAHAM R L, 1966. Bounds for certain multiprocessing anomalies [J]. Bell System Technical Journal, 45(9): 1563-1581.

GRAHAM R L, 1969. Bounds on multiprocessing timing anomalies[J]. SIAM Journal on Applied Mathematics, 17(2): 416-429.

GRAHAM R L, LAWLER E L, LENSTRA J K, et al., 1979. Optimization and approximation in deterministic scheduling: A survey [J]. Annals of Discrete Mathematics, 5: 287-326.

GRANOT D, HAMERS H, TIJS S, 1999. On some balanced, totally balanced and submodular delivery games[J]. Mathematical Programming, 86: 355-366.

GRANOT D, HUBERMAN G, 1981. Minimum cost spanning tree games[J]. Mathematical Programming, 21: 1-18.

GU Y H, FAN J, TANG G C, et al., 2013a. Maximum latency scheduling problem on two-person cooperative games[J]. Journal of Combinatorial Optimization, 26: 71-81.

GU Y H, GOH M, CHEN Q L, et al., 2013b. A new two-party bargaining mechanism[J]. Journal of Combinatorial Optimization, 25: 135-163.

GZUMAJ A, VOCKING B, 2002. Tight bounds for worst-case equilibria[C]. Proceedings of the thirteenth annual ACM-SIAM symposium on Discrete algorithms (SODA'02): 413-420.

HAMERS H, BORM P, TIJS S, 1995. On games corresponding to sequencing situations with ready times[J]. Mathematical Programming, 70: 1-13.

HAMERS H, KLIJN F, SUIJS J, 1999. On the balancedness of multimachine sequencing games[J]. European Journal of Operational Research, 15: 165-176.

HAMERS H, SUIJS J, TIJS S, 1996. The split core for sequencing games[J]. Games and Economic Behavior, 119: 678-691.

HOEKSMA R, UETZ M, 2011. The price of anarchy for minsum related machine scheduling[C]. Proceedings of the 9th International Workshop on Approximation and Online Algorithms (WAOA'11), Lecture Notes in Computer Science7164, 261-273.

IBARRA O H, KIM C E, 1977. Heuristic algorithms for scheduling independent tasks on nonidentical processors[J]. Journal of ACM, 24(2): 280-289.

ICHIISHI T, 1981. Super-modularity: Applications to convex games and the greedy algorithm for LP[J]. Journal of Economic Theory, 25: 283-286.

IMMORLICA N, LI L, MIRROKNI V, et al., 2009. Coordination mechanisms for selfish scheduling[J]. Theoretical Computer Science, 410(17): 1589-1598.

JACKSON J R, 1955. Scheduling a production line to minimize the maximum lateness[R]. Management Science Research Report 43, University of California, LosAngeles.

JIN J, GU Y, TANG G, 2011. Two-person cooperative games on makespan scheduling[J]. Journal of Shanghai Second Polytechnic University, 28: 14-17.

KALAI E, SMORODINSKY M, 1975. Other solutions to Nash bargaining problem[J]. Econometrica, 43: 513-518.

KARSU O, MORTON A, 2015. Inequity averse optimization in operational research[J]. European Journal of Operational Research, 245(2): 343-359.

KELLY F P, Maulloo A K, TAN D K H, 1998. Rate control in communication networks: shadow prices, proportional fairness and stability [J]. Journal of the Operational Research Society, 49: 237-252.

KLEIMAN E, 2011. Packing, Scheduling and Covering Problems in a Game-Theoretic Perspective[D]. Haifa: University of Haifa.

KLIJN F, TIJS S, HAMERS H, 2000. Balancedness of permutation games and envy-free allocations in indivisible good economies[J]. Economics Letter, 69: 323-326.

KOUTSOUPIAS E, MAVRONICOLAS M, SPIRAKIS P, 2003. Approximate equilibria and ball fusion[J]. Theory of Computing Systems, 36(6): 683-693.

KOUTSOUPIAS E, PAPADIMITRIOU C, 2009. Worst case equilibria [J]. Computer Science Review, 3(2): 65-69.

KOVACS A, 2010. New Approximation Bounds for LPT Scheduling[J]. Algorithmica, 57 (2): 413-433.

LEE K, LEUNG Y T, and PINEDO M L, 2011. Coordination mechanisms with hybrid local policies[J]. Discrete Optimization, 8(4): 513-524.

LIU L L, TANG G C, FAN B Q, et al., 2015. Two-person cooperative games on scheduling problems in outpatient pharmacy dispensing process [J]. Journal of Combinatorial Optimization, 30: 938-948.

MUTHOO A, 1999. Bargaining theory with applications [M]. Cambridge: Cambridge University Press.

NALDI M, NICOSIA G, PACIFICI A, et al., 2018. Profit-fairness trade-off in project portfolio management [J]. Socio-Economic Planning Sciences. doi: 10.1016/j.seps.2018.10.007.

NASH J F, 1950. The bargaining problem[J]. Econometrica, 18: 155-162.

NASH J F, 1953. Two person cooperative games[J]. Econometrica, 21: 128-140.

NICOSIA G, PACIFICI A, and PFERSCHY U, 2017. Price of fairness for allocating a bounded resource[J]. European Journal of Operational Research, 257: 933-943.

NISAN N, ROUGHGARDEN T, TARDOS E, et al., 2007. Algorithmic game theory[M]. Oxford: Cambridge University Press.

PAPADIMITRIOU C H, STEIGLITZ K, 1988. 组合最优化：算法和复杂性[M]. 刘振宏，蔡茅诚，译. 北京：清华大学出版社.

ROCKAFELLAR R T, 2017. 凸分析[M]. 盛宝怀，译. 北京：机械工业出版社.

SCHURMAN P, VREDEVELD T, 2007. Performance guarantees of local search for multiprocessor scheduling[J]. INFORMS Journal on Computing, 19(1): 52-63.

SHAPLEY L S, 1953. A value for n-person games[J]. Annals of Mathematics Studies, 28: 307-317.

SHAPLEY L S, 1967. On balanced sets and cores[J]. Naval Research Logistics Quarterly, 14: 453-460.

SHAPLEY L S, 1971. Cores of convex games[J]. International Journal of Game Theory, 1: 11-26.

SHAPLEY L S, SHUBIK M, 1972. The assignment game I: The core[J]. International Journal of Game Theory, 1: 111-130.

SMITH W, 1956. Various optimizers for single-stage production [J]. Naval Research Logistics Quarterly, 3: 59-66.

TAN Z Y, CAO S J, 2011. Semi-online machine covering on two uniform machines with known total size[J]. Computing, 78(4): 369-378.

TAN Z Y, WAN L, ZHANG Q, et al., 2012. Inefficiency of equilibria for the machine covering game on uniform machines[J]. Acta Informatica, 49: 361-379.

TIJS S, PARTHASARATHY T, POTTERS J, et al., 1984. Permutation games: Another class of totally balanced games[J]. OR Spektrum, 6: 119-123.

VAN DEN NOUWELAND A, KRABBENBORG M, and POTTERS J, 1992. Flowshops with a dominant machine[J]. European Journal of Operational Research, 62: 38-46.

VAN VELZEN B, HAMERS H, 2003. On the balancedness of relaxed sequencing games [J]. Mathematical Methods of Operations Research, 57: 287-297.

VON NEUMANN J, MORGENSTERN O, 1944. Theory of game theory[M]. Princeton: Cambridge University Press.

WAN L, DENG X, and TAN Z, 2013. Inefficiency of Nash equilibria with parallel processing policy[J]. Information Processing Letters, 113(13):465-469.

YU L, SHE K, GONG H, and YU C, 2010. Price of anarchy in parallel processing[J]. Information Processing Letters, 110(8-9): 288-293.

ZHANG Y B, ZHANG Z, and LIU Z H, 2020. The price of fairness for a two-agent scheduling game minimizing total completion time [J]. Journal of Combinatorial Optimization, 44: 1-19.

马良,宁爱兵, 2008. 高级运筹学[M]. 北京: 机械工业出版社.

施锡铨, 2012. 合作博弈引论[M]. 北京: 北京大学出版社.

唐国春, 张峰, 罗守诚, 等, 2003. 现代排序论[M]. 上海: 上海科学普及出版社.

张新功,刘甲玉,崔同欣, 2020. 误工工件个数和最大费用函数的单机双代理 KS 公平定价问题[J]. 重庆师范大学学报(自然科学版),37:16-21.

附录 英汉排序与调度词汇

（2022 年 4 月版）

《排序与调度丛书》编委会

20 世纪 50 年代越民义就注意到排序（scheduling）问题的重要性和在理论上的难度。1960 年他编写了国内第一本排序理论讲义。70 年代初，他和韩继业一起研究同顺序流水作业排序问题，开创了中国研究排序论的先河[①]。在他们两位的倡导和带动下，国内排序的理论研究和应用研究有了较大的发展。之后，国内也有文献把 scheduling 译为“调度”[②]。正如 Potts 等指出：“排序论的进展是巨大的。这些进展得益于研究人员从不同的学科（例如，数学、运筹学、管理科学、计算机科学、工程学和经济学）所做出的贡献。排序论已经成熟，有许多理论和方法可以处理问题；排序论也是丰富的（例如，有确定性或者随机性的模型、精确的或者近似的解法、面向应用的或者基于理论的）。尽管排序论研究取得了进展，但是在这个令人兴奋并且值得探索的领域，许多挑战仍然存在。”[③]不同学科带来了不同的术语。经过 50 多年的发展，国内排序与调度的术语正在逐步走向统一。这是学科正在成熟的标志，也是学术交流的需要。

我们提倡术语要统一，将“scheduling”“排序”“调度”这三者视为含义完全相同、可以相互替代的 3 个中英文词汇，只不过这三者使用的场合和学科（英语、运筹学、自动化）不同而已。这次的“英汉排序与调度词汇（2022 年 4 月版）”收入 236 条词汇，就考虑到不同学科的不同用法。我们欢迎不同学科的研究者推荐适合本学科的术语，补充进未来的版本中。

---

① 越民义，韩继业. n 个零件在 m 台机床上的加工顺序问题[J]. 中国科学，1975(5)：462-470.

② 周荣生. 汉英综合科学技术词汇[M]. 北京：科学出版社，1983.

③ POTTS C N，STRUSEVICH V A. Fifty years of scheduling：a survey of milestones[J]. Journal of the Operational Research Society，2009，60：S41-S68.

1	activity	活动
2	agent	代理
3	agreeability	一致性
4	agreeable	一致的
5	algorithm	算法
6	approximation algorithm	近似算法
7	arrival time	就绪时间，到达时间
8	assembly scheduling	装配排序
9	asymmetric linear cost function	非对称线性损失函数，非对称线性成本函数
10	asymptotic	渐近的
11	asymptotic optimality	渐近最优性
12	availability constraint	可用性约束
13	basic (classical) model	基本 (经典) 模型
14	batching	分批
15	batching machine	批处理机，批加工机器
16	batching scheduling	分批排序，批调度
17	bi-agent	双代理
18	bi-criteria	双目标，双准则
19	block	阻塞，块
20	classical scheduling	经典排序
21	common due date	共同交付期，相同交付期
22	competitive ratio	竞争比
23	completion time	完工时间
24	complexity	复杂性
25	continuous sublot	连续子批
26	controllable scheduling	可控排序
27	cooperation	合作，协作
28	cross-docking	过栈，中转库，越库，交叉理货
29	deadline	截止期 (时间)
30	dedicated machine	专用机，特定的机器
31	delivery time	送达时间
32	deteriorating job	退化工件，恶化工件
33	deterioration effect	退化效应，恶化效应
34	deterministic scheduling	确定性排序
35	discounted rewards	折扣报酬
36	disruption	干扰
37	disruption event	干扰事件
38	disruption management	干扰管理
39	distribution center	配送中心

40	dominance	优势，占优，支配
41	dominance rule	优势规则，占优规则
42	dominant	优势的，占优的
43	dominant set	优势集，占优集
44	doubly constrained resource	双重受限制资源，使用量和消耗量都受限制的资源
45	due date	交付期，应交付期限，交货期
46	due date assignment	交付期指派，与交付期有关的指派（问题）
47	due date scheduling	交付期排序，与交付期有关的排序（问题）
48	due window	交付时间窗，窗时交付期，交货时间窗
49	due window scheduling	窗时交付排序，窗时交货排序，宽容交付排序
50	dummy activity	虚活动，虚拟活动
51	dynamic policy	动态策略
52	dynamic scheduling	动态排序，动态调度
53	earliness	提前
54	early job	非误工工件，提前工件
55	efficient algorithm	有效算法
56	feasible	可行的
57	family	族
58	flow shop	流水作业，流水（生产）车间
59	flow time	流程时间
60	forgetting effect	遗忘效应
61	game	博弈
62	greedy algorithm	贪婪算法，贪心算法
63	group	组，成组，群
64	group technology	成组技术
65	heuristic algorithm	启发式算法
66	identical machine	同型机，同型号机
67	idle time	空闲时间
68	immediate predecessor	紧前工件，紧前工序
69	immediate successor	紧后工件，紧后工序
70	in-bound logistics	内向物流，进站物流，入场物流，入厂物流
71	integrated scheduling	集成排序，集成调度
72	intree (in-tree)	内向树，入树，内收树，内放树
73	inverse scheduling problem	排序反问题，排序逆问题
74	item	项目
75	JIT scheduling	准时排序
76	job	工件，作业，任务
77	job shop	异序作业，作业车间，单件（生产）车间
78	late job	误期工件

79	late work	误工，误工损失
80	lateness	延迟，迟后，滞后
81	list policy	列表排序策略
82	list scheduling	列表排序
83	logistics scheduling	物流排序，物流调度
84	lot-size	批量
85	lot-sizing	批量化
86	lot-streaming	批量流
87	machine	机器
88	machine scheduling	机器排序，机器调度
89	maintenance	维护，维修
90	major setup	主安装，主要设置，主要准备，主准备
91	makespan	最大完工时间，制造跨度，工期
92	max-npv (NPV) project scheduling	净现值最大项目排序，最大净现值的项目排序
93	maximum	最大，最大的
94	milk run	循环联运，循环取料，循环送货
95	minimum	最小，最小的
96	minor setup	次要准备，次要设置，次要安装，次准备
97	modern scheduling	现代排序
98	multi-criteria	多目标，多准则
99	multi-machine	多台同时加工的机器
100	multi-machine job	多机器加工工件，多台机器同时加工的工件
101	multi-mode project scheduling	多模式项目排序
102	multi-operation machine	多工序机
103	multiprocessor	多台同时加工的机器
104	multiprocessor job	多机器加工工件，多台机器同时加工的工件
105	multipurpose machine	多功能机，多用途机
106	net present value	净现值
107	nonpreemptive	不可中断的
108	nonrecoverable resource	不可恢复（的）资源，消耗性资源
109	nonrenewable resource	不可恢复（的）资源，消耗性资源
110	nonresumable	(工件加工) 不可继续的，(工件加工) 不可恢复的
111	nonsimultaneous machine	不同时开工的机器
112	nonstorable resource	不可储存（的）资源
113	nowait	（前后两个工序）加工不允许等待
114	NP-complete	NP-完备，NP-完全
115	NP-hard	NP-困难（的），NP-难（的）
116	NP-hard in the ordinary sense	普通 NP-困难（的），普通 NP-难（的）
117	NP-hard in the strong sense	强 NP-困难（的），强 NP-难（的）

118	offline scheduling	离线排序
119	online scheduling	在线排序
120	open problem	未解问题,(复杂性)悬而未决的问题, 尚未解决的问题, 开放问题, 公开问题
121	open shop	自由作业, 开放(作业)车间
122	operation	工序, 作业
123	optimal	最优的
124	optimality criterion	优化目标, 最优化的目标, 优化准则
125	ordinarily NP-hard	普通 NP-(困)难的, 一般 NP-(困)难的
126	ordinary NP-hard	普通 NP-(困)难, 一般 NP-(困)难
127	out-bound logistics	外向物流
128	outsourcing	外包
129	outtree(out-tree)	外向树, 出树, 外放树
130	parallel batch	并行批, 平行批
131	parallel machine	并行机, 平行机, 并联机
132	parallel scheduling	并行排序, 并行调度
133	partial rescheduling	部分重排序, 部分重调度
134	partition	划分
135	peer scheduling	对等排序
136	performance	性能
137	permutation flow shop	同顺序流水作业, 同序作业, 置换流水车间, 置换流水作业
138	PERT(program evaluation and review technique)	计划评审技术
139	polynomially solvable	多项式时间可解的
140	precedence constraint	前后约束, 先后约束, 优先约束
141	predecessor	前序工件, 前工件, 前工序
142	predictive reactive scheduling	预案反应式排序, 预案反应式调度
143	preempt	中断
144	preempt-repeat	重复(性)中断, 中断-重复
145	preempt-resume	可续(性)中断, 中断-继续, 中断-恢复
146	preemptive	中断的, 可中断的
147	preemption	中断
148	preemption schedule	可以中断的排序, 可以中断的时间表
149	proactive	前摄的, 主动的
150	proactive reactive scheduling	前摄反应式排序, 前摄反应式调度
151	processing time	加工时间, 工时
152	processor	机器, 处理机
153	production scheduling	生产排序, 生产调度

154	project scheduling	项目排序，项目调度
155	pseudo-polynomially solvable	伪多项式时间可解的，伪多项式可解的
156	public transit scheduling	公共交通调度
157	quasi-polynomially	拟多项式时间，拟多项式
158	randomized algorithm	随机化算法
159	re-entrance	重入
160	reactive scheduling	反应式排序，反应式调度
161	ready time	就绪时间，准备完毕时刻，准备时间
162	real-time	实时
163	recoverable resource	可恢复（的）资源
164	reduction	归约
165	regular criterion	正则目标，正则准则
166	related machine	同类机，同类型机
167	release time	就绪时间，释放时间，放行时间
168	renewable resource	可恢复 (再生) 资源
169	rescheduling	重新排序，重新调度，重调度，再调度，滚动排序
170	resource	资源
171	res-constrained scheduling	资源受限排序，资源受限调度
172	resumable	（工件加工）可继续的,（工件加工）可恢复的
173	robust	鲁棒的
174	schedule	时间表，调度表，调度方案，进度表，作业计划
175	schedule length	时间表长度，作业计划期
176	scheduling	排序，调度，排序与调度，安排时间表，编排进度，编制作业计划
177	scheduling a batching machine	批处理机排序
178	scheduling game	排序博弈
179	scheduling multiprocessor jobs	多台机器同时对工件进行加工的排序
180	scheduling with an availability constraint	机器可用受限的排序问题
181	scheduling with batching	分批排序，批处理排序
182	scheduling with batching and lot-sizing	分批批量排序，成组分批排序
183	scheduling with deterioration effects	退化效应排序
184	scheduling with learning effects	学习效应排序
185	scheduling with lot-sizing	批量排序
186	scheduling with multipurpose machine	多功能机排序，多用途机器排序
187	scheduling with non-negative time-lags	（前后工件结束加工和开始加工之间）带非负时间滞差的排序

188	scheduling with nonsimultaneous machine available time	机器不同时开工排序
189	scheduling with outsourcing	可外包排序
190	scheduling with rejection	可拒绝排序
191	scheduling with time windows	窗时交付期排序，带有时间窗的排序
192	scheduling with transportation delays	考虑运输延误的排序
193	selfish	自利的
194	semi-online scheduling	半在线排序
195	semi-resumable	(工件加工) 半可继续的,(工件加工) 半可恢复的
196	sequence	次序，序列，顺序
197	sequence dependent	与次序有关
198	sequence independent	与次序无关
199	sequencing	安排次序
200	sequencing games	排序博弈
201	serial batch	串行批，继列批
202	setup cost	安装费用，设置费用，调整费用，准备费用
203	setup time	安装时间，设置时间，调整时间，准备时间
204	shop machine	串行机，多工序机器
205	shop scheduling	车间调度，串行排序，多工序排序，多工序调度，串行调度
206	single machine	单台机器，单机
207	sorting	数据排序，整序
208	splitting	拆分的
209	static policy	静态排法，静态策略
210	stochastic scheduling	随机排序，随机调度
211	storable resource	可储存(的)资源
212	strong NP-hard	强 NP-(困)难
213	strongly NP-hard	强 NP-(困)难的
214	sublot	子批
215	successor	后继工件，后工件，后工序
216	tardiness	延误，拖期
217	tardiness problem i.e. scheduling to minimize total tardiness	总延误排序问题，总延误最小排序问题，总延迟时间最小化问题
218	tardy job	延误工件，误工工件
219	task	工件，任务
220	the number of early jobs	提前完工工件数，不误工工件数
221	the number of tardy jobs	误工工件数，误工数，误工件数
222	time window	时间窗
223	time varying scheduling	时变排序

224	time/cost trade-off	时间／费用权衡
225	timetable	时间表，时刻表
226	timetabling	编制时刻表，安排时间表
227	total rescheduling	完全重排序，完全再排序，完全重调度，完全再调度
228	tri-agent	三代理
229	two-agent	双代理
230	unit penalty	误工计数，单位罚金
231	uniform machine	同类机，同类别机
232	unrelated machine	非同类型机，非同类机
233	waiting time	等待时间
234	weight	权，权值，权重
235	worst-case analysis	最坏情况分析
236	worst-case (performance) ratio	最坏（情况的）（性能）比

索 引